Der große Smartphone Ratgeber

Für Anfänger, Einsteiger und Senioren

Ein Lesebuch

Dr. Martin Kreim

ISBN:
979-8-54069-882-5

Inhaltsverzeichnis

Einleitung

Herzlich Willkommen zum Smartphone-Ratgeber für Anfänger, Einsteiger und Senioren!

Ich darf mich kurz vorstellen: Mein Name ist Dr. Martin Kreim, und ich lebe mit meiner Familie in Weiz in der Steiermark, Österreich. Seit Dezember 2018 bin ich mit meinem Betrieb „handykurse.at“ selbständig und führe Schulungen und Workshops für alle Altersgruppen durch. Die Themen dieser Schulungen sind die Bedienung von Handys und Tablets und der sichere Umgang mit dem Internet.

Dieses Buch nimmt Sie mit auf eine kleine (oder doch recht große?) Reise. Wir werden uns gemeinsam ansehen, was diese Geräte können, die so viele von uns schon so ausgiebig nutzen. Es kann sein, dass Sie vieles davon schon kennen oder wissen. Das ist sehr gut und ich beglückwünsche Sie dazu! Ich verspreche Ihnen aber auch, dass Sie sehr viel Neues lernen werden. Ein Kursteilnehmer, gerade frisch in Rente mit 60 Jahren, war sich nicht sicher, ob er meinen Anfängerkurs braucht, da er beruflich schon seit 30 (!) Jahren ein Mobiltelefon nutzte. Nach den neun Stunden war er begeistert und hatte gemerkt, wieviel er eigentlich nicht wusste und wieviel davon auch sehr wissenswert war. Mein Anspruch bei diesen Inhalten ist es, Grundlagen so gut wie möglich zu vermitteln, damit es meinen Kursteilnehmern leichter fällt, sich später weitere Anwendungen selber

beizubringen. Ich bin (im Grunde) kein Freund von „Tippen Sie zuerst links oben, dann links unten“ – Anleitungen. Warum nicht? Stellen Sie sich vor, das Aussehen der Anwendung ändert sich und der Knopf ist nicht mehr links oben, sondern rechts oben. Dann kann es sein, dass Sie ihn gar nicht mehr finden. Und das möchte ich vermeiden! Verzeihen Sie mir bitte aber jetzt schon, wenn es trotzdem passiert – vor allem, weil manche „Richtungsangaben“ nötig und universell sind. Spezielle, wiederkehrende Elemente werde ich im Laufe des Buches besonders markieren, damit Sie das Prinzip dahinter verstehen können.
So, genug der langen Reden – fangen wir einfach an!

Handys und ich

Handys begleiten schon längere Zeit unseren Alltag. Wann haben Sie Ihr erstes Handy bekommen? Können Sie sich noch erinnern? Die Frage soll nicht respektlos klingen – das kann nämlich schon ganz schön lange her sein.
Wenn ich mich erinnere: mein erstes Handy habe ich mir gekauft, als ich 16 Jahre alt war. Das war im Jahre 1999... wie die Zeit vergeht, das ist beim Schreiben dieses Buches (2021) auch schon über 20 Jahre (!) her. Seitdem hatte ich ca. 19 verschiedene Handys, 14 davon bereits Smartphones. Zu diesem Zeitpunkt, 1999, war ich als Handybesitzer noch eher früh dran, vor allem in meinem Alter – das muss man sich auf der Zunge zergehen lassen! Stellen Sie sich heute einen Jugendlichen vor, der kein Smartphone hat – unmöglich!

Damals galt noch, dass nur wichtige Personen ein Handy hatten, weil sie erreichbar sein mussten. War ich damals wichtig? Wohl eher nicht. Aber das Interesse an dieser Technik war sehr groß, da konnte ich nicht widerstehen. Das Gerät, ein Siemens C25, hatte damals knappe 2.000,- Schilling („das echte Geld“) gekostet ... gar nicht wenig, oder? Das wären heute zwar „nur“ umgerechnet 150,- Euro – aber inflationsbereinigt würde ich es auf 250,- bis 300,- Euro schätzen. Ich hatte das Geld von meinem ersten Ferial-Job und das Handy in einer Lederhülle, die mit einem Clip versehen war, damit man es sich an den Gürtel hängen konnte. Ja, so einer war ich! Um das ganze aber abzuschwächen: Ich trug damals weite Kleidung und die Shirts NICHT in der Hose (das mag ich bis heute nicht – außer bei Hemden). So hatte ich mein Handy am Gürtel hängen und keiner konnte es sehen!
Die Lehrer in der Schule (ich besuchte damals die Oberstufe des Gymnasiums) waren wegen dieser Technik damals noch sehr verunsichert, und es gab ein Handyverbot – es wurde gedroht, dass das Gerät abgenommen wird, wenn man damit im Unterricht erwischt wird. Heute schwer vorstellbar – es gibt in den meisten Schulen klar definierte Regeln, wie, wann und ob das Handy genutzt werden darf. Die Schüler halten sich sehr gut daran, und die Konfiszierung eines Geräts wäre heute nicht durchführbar, da es ein sehr persönlicher Gegenstand ist.

Meine „technische Geschichte“ geht noch etwas weiter zurück. Den ersten Computer schaffte meine Familie zu

Weihnachten 1995 an. Zu dieser Zeit waren wir da eher spät dran, da hatten schon viele einen PC zu Hause stehen. Dieser wurde dann hauptsächlich zum Spielen genutzt. Ich hatte davor auch eine sogenannte „Datenbank", so einen kleinen Taschencomputer, der eine volle Tastatur hatte und aus heutiger Sicht nur recht wenig leisten konnte: Kontakte, Termine, Kalender, Notizen, Taschenrechner. Dieses „Casio Digital Diary SF-4300B 32KB" war für mich als Kind eigentlich vollkommen sinnlos – aber alleine, weil es eine Tastatur hatte, habe ich es geliebt... Man stelle sich die Speicherkapazität von 32kB vor (mehr zu den Speichergrößen später) – ein heutiges Handy ist mit 32GB, also eine Million Mal so viel Speicher – schon eher unterdimensioniert.
Im Studium (Biochemie und Molekularbiologie – also gar nichts technisches) interessierte ich mich für programmierbare Taschenrechner – sehr tolle Geräte. Die konnte man auf umständliche Weise bereits mittels Kabel mit dem PC verbinden, und so habe ich eine Anwendung installiert, mit der man eBooks (elektronische Bücher) lesen konnte. Tatsächlich habe ich so auf dem Taschenrechner dann „Wilhelm Tell" von Friedrich Schiller und „Die Farm der Tiere" von George Orwell gelesen – das soll mir mal jemand nachmachen ...
Anfang der 2000er-Jahre hatte ich ein Samsung-Klapphandy, das auch schon Fotos machen konnte. Die Fotos waren qualitativ im Vergleich zu heute sehr schlecht und unscharf, und natürlich auf dem Handy gespeichert. Man konnte sie nicht auf den PC ziehen oder sonst großartig verbreiten oder verschicken – MMS (also eine

SMS mit Foto oder Videoinhalt) waren sehr teuer (heute teilweise auch noch). Hat man dann das Handy gewechselt, waren die Fotos weg.
Mit meinem letzten Handy, das kein Smartphone war, konnte man sich schon sehr gut unterhalten – und damit meine ich nicht das Sprechen. Das Sony Ericsson w810i (im Jahre 2007) war als eines der „Walkman-Handys" bekannt und hatte eine Speicherkarte (die natürlich nur in diese Geräte passte und in keine Geräte anderer Marken), die man mit Musik und Videos füllen konnte. Am kleinen farbigen Bildschirm konnten auch Videos abgespielt werden. Viele Stunden war ich damit beschäftigt, Videos aus verschiedenen Quellen zu besorgen und zu konvertieren, damit das Handy sie abspielen konnte. Angeschaut habe ich die Videos sehr selten – viel länger war ich damit beschäftigt, sie überhaupt zu besorgen und anschaubar zu machen.
Nach dem Sony Ericsson hatte ich dann nur noch Smartphones mehr oder weniger guter Qualität. Das erste in dieser Reihe war ein Nokia-Gerät (Nokia n97) im Jahre 2009, dessen Bildschirm nicht auf eine schlichte Berührung mit einem Strom-leitenden Finger reagierte, sondern auf ein festes Tippen mit dem Finger oder sonst einem Gegenstand (Eingabestift). Das war sehr mühsam und ungenau – das Gerät hatte ich nicht lange. Man konnte es schräg aufklappen und dadurch eine echte Tastatur zum Vorschein bringen, das hatte einen gewissen Stil, den man heute nicht mehr sieht.
Das nächste Handy – ein HTC Legend im Jahre 2010 – war dann schon das, was wir heute auch noch verwenden. Ab

diesem Zeitpunkt lief die Entwicklung der Smartphones für mich eher in kleinen Schritten, die im Endeffekt aber ein sehr tolles und abgerundetes Gesamtpaket hervorgebracht haben, das ich Ihnen auf den folgenden Seiten näherbringen will.

Was ist ein Smartphone, und wie bediene ich es?

Der Begriff Smartphone bedeutet auf Deutsch etwa „schlaues Telefon". Das ist sehr einfach zu verstehen, da wir alle wissen, dass diese Geräte offensichtlich SEHR VIEL können. Wahrscheinlich sogar ZU VIEL, und wir können uns manchmal davon überfordert fühlen oder das Gefühl haben, den vielen Funktionen nicht gerecht werden zu können.

Vergleich Tastenhandy – Smartphone

Tastenhandys kennen wir schon lange – ich bezeichne sie inzwischen sogar als „althergebracht". Sie haben selbst inzwischen bereits ein Smartphone (ich nehme an, deshalb haben Sie sich auch für dieses Buch entschieden), oder sind knapp davor, sich eines zu besorgen. Weiters nehme ich an, dass Sie so ein „althergebrachtes" Tastentelefon schon haben bzw. hatten.
Wie unterscheiden sich diese Geräte?

Bedienung:
Beim Tastenhandy drückt man auf Tasten, die vorne oder seitlich am Gerät angebracht sind. Das sind meistens einige wenige Steuerelemente (Pfeiltasten, Bestätigungstaste, Zurücktaste, Ziffernblock / Buchstaben - Kombination, Abheben- / Auflegen-Tasten).

Beim Smartphone hat man nur sehr wenige echte Tasten, entweder auf der Vorderseite und auf jeden Fall an der Seite oder an der oberen Stirnseite. Der Rest geschieht mit dem berührungsempfindlichen Bildschirm. Das führt uns gleich zum nächsten bedeutenden Unterschied: dem Bildschirm.

Bildschirm / Display:

Die Überschrift besteht aus zwei Wörtern, die das Gleiche bedeuten. Es wird in diesem Buch öfters vorkommen, dass ich Sie mit englischen Wörtern konfrontiere. Ich werde versuchen, die englischen Begriffe zumindest einmal zu übersetzen, damit die Bedeutung für Sie klar ist. Tatsächlich ist es aber so, dass der jeweils englische Begriff oft schon im Deutschen auch so verwendet wird, und schon als „eingedeutscht“ betrachtet werden kann. Zusätzlich verwenden diverse Anleitungen und Menüs im Handy selbst oft auch ausschließlich die englischen Bezeichnungen – somit sind Sie fast gezwungen, sich mit den englischen Wörtern auseinanderzusetzen. Ein Beispiel: manche Handys verwenden im Menü den Begriff „Anzeige“, und andere den Begriff „Display“. Und so kann ich Ihnen in weiterer Folge nicht garantieren, dass Anleitungen auf Ihrem Gerät gleich aussehen – da muss man leider etwas flexibel sein.

Der Bildschirm eines Tastenhandys ist meistens sehr klein, dadurch bedingt, dass auf der Vorderseite auch die Tastatur ihren Platz finden muss. Dieser kleine Bildschirm

ist in den meisten Fällen auch nicht berührungsempfindlich.
Beim Smartphone ist genau das Gegenteil der Fall: durch den Wegfall der Tastatur besteht (fast) die ganze Vorderseite aus dem Display. Bei neueren Geräten nahezu vollständig – bei etwas älteren Geräten ist oft noch oben und unten ein breiterer Rand vorhanden, der Sensoren und Kameras bzw. Bedienknöpfe und/oder Fingerabdrucksensoren enthält. Der Bildschirm stellt aufgrund seiner Berührungsempfindlichkeit auch die Haupteingabemethode dar. Man nennt das „Touch-Display“: Da kommen sogar zwei englische Wörter zusammen. „Display“ (Bildschirm) kennen wir schon, und „Touch“ bedeutet „berühren“ und hört sich auch so an, wie wir es im Deutschen verwenden („tatsch“).

Kamera(s):

Zwar gibt es auf Handys schon seit vielen Jahren Kameras, trotzdem hat die Funktionalität des Fotografierens und Filmens ihren Gipfel erst auf Smartphones erreicht. Typischerweise gibt es eine Kamera vorne am Gerät, und eine oder mehrere Kameras hinten.

Vielfältig kommunizieren:

Mit den Tastenhandys konnten wir auf jeden Fall telefonieren und SMS schreiben, vielleicht auch eine E-Mail schreiben. Smartphones haben den Umfang an möglichen Kommunikationsarten beträchtlich erweitert: SMS oder WhatsApp-Nachrichten schreiben,

Bilder/Videos, Sprachnachrichten, E-Mails, Kontaktdaten versenden, Standort senden, Emojis/Smileys/Emoticons, GIFs, Sticker ... und noch vieles mehr.
Ach ja – auch telefonieren kann man mit einem Smartphone noch, wobei diese Anwendung für häufige Nutzer eines Smartphones oft schon eher in den Hintergrund gerät.
Sie kennen vielleicht die Szene, wo zwei Jugendliche sich am Tisch gegenübersitzen und sich gegenseitig Textnachrichten schreiben? Wenn man die jungen Menschen fragt: „Wieso redet ihr denn nicht miteinander?“, dann kann es sein, dass man empört als Antwort bekommt: „Machen wir doch?!“. Um die Szene aufzuklären: Für heute heranwachsende junge Menschen ist Kommunikation nicht mehr so getrennt benennbar wie für ein oder zwei Generationen davor. Ältere Generationen (da zähle ich mich Ende 30 auch schon dazu) sprechen direkt miteinander, reden am Telefon miteinander, schreiben SMS oder WhatsApp. Für Jugendliche gibt es da keine klaren Abgrenzungen mehr: sie kommunizieren einfach. Das geht dann fließend von einer Art in die andere über: Man spricht in der Schule und im Bus auf dem Weg nach Hause miteinander, und sobald man sich körperlich trennt, geht die Kommunikation am Gerät nahtlos weiter: texten, telefonieren, Videotelefonie. Die Jugendlichen verhalten sich dann für ihre Verhältnisse ganz normal sozial. Ich hoffe, diese kleine Szene kann etwas mehr Verständnis zwischen den Generationen schaffen!
Anders jedoch wäre es, wenn eine Familie oder zusammengehörende Gruppe gemeinsam am Tisch sitzt,

und jeder hält sein Smartphone in der Hand, anstatt miteinander eine Unterhaltung zu führen, die alle am Tisch miteinschließt. Diese Szene ist dann eher nicht sozial und könnte mit einer „Familienregel" (Gruppenregel) gelöst werden, die besagt, dass während der Mahlzeit oder für die gemeinsame Zeit am Abend etwa die Smartphones gesammelt an einem Ort liegen.

Internetverbindung:

Der wohl wichtigste technologische Sprung in jüngerer Zeit hat sich ereignet, als Internetnutzung auf dem Smartphone praktisch, einfach nutzbar und vor allem leistbar wurde. Mit einem passenden Mobilfunkvertrag bzw. WLAN-Technologie (darauf gehen wir später noch ein) ist es uns heute möglich, zu jeder Tages- und Nachtzeit auf viele verfügbare Information im Internet zuzugreifen und vielfältig zu kommunizieren.

Was ist ein Smartphone?

Wir wissen bereits, welche Unterschiede es zwischen einem Smartphone und einem althergebrachten Tastentelefon gibt. Es bleibt aber noch die Frage offen: Was ist eigentlich ein Smartphone?

Am einfachsten erkläre ich es so: Ein Smartphone ist die Kombination eines Computers (wie etwa ein PC) mit einem Telefon. Das hört sich mal nicht so weit hergeholt an. In der Praxis heißt das: Ein Smartphone kann (fast) alles, was ein Computer auch kann – wenn ich mit einem Smartphone unterwegs bin, habe ich einen sehr

leistungsfähigen Mini-Computer bei mir, der mir sehr gute Dienste leisten kann.
Im Vergleich: vor ca. 50 Jahren (1969) fand die erste Mondlandung statt, und ein iPhone 6 aus dem Jahre 2014 hatte bereits über 120 Millionen mehr Leistung als der Computer AGC (Apollo Guidance Computer), der an Bord der Mondfähre Apollo 11 war und den Flug zum Mond unterstützte (1).
Abgesehen von der Größe gibt es einen gravierenden und überragenden Unterschied zwischen Smartphone und PC/Laptop: Wenn ich ernsthaft arbeiten muss, leistet mir ein PC/Laptop wahrscheinlich bessere, weil bequemere Dienste. Ich habe einen sehr großen Bildschirm, auf dem sehr viel Inhalt groß dargestellt werden kann, und dazu noch Maus/Trackpad und Tastatur, die sehr gut und genau funktionieren. Mit einer Maus kann ich mich millimetergenau auf dem Bildschirm bewegen. Sehen Sie sich zum Unterschied Ihren Finger an, mit dem Sie eine millimetergenaue Eingabe am Smartphone tätigen wollen – die Auflagefläche Ihres Fingers nimmt mehrere Dutzend Quadratmillimeter in Anspruch!
Um aber eine Lanze für Smartphones zu brechen (dafür gibt es ja dieses Buch): Wenn ich unterwegs bin und dringend etwas erledigen muss, kann ich das wahrscheinlich auch bewerkstelligen – nur möglicherweise ist es nicht sonderlich komfortabel, je nach Anwendung.

Smartphones sind ähnlich, aber nicht gleich

Im Grunde sehen Smartphones heute (2021) recht ähnlich aus: Sie sind rechteckig und mehr oder weniger so groß wie eine Handfläche, und ca. einen Zentimeter dick. Aber nur weil sie ähnlich aussehen, heißt das nicht: „Ich habe eines gesehen, ich kenne alle"!

Es fällt mir fast schwer zu erklären: Die Geräte können alle die gleichen Dinge leisten, nur wie ich das bewerkstellige und welche Wege ich dabei gehen muss und wie das dabei aussieht, das unterscheidet sich zum Teil erheblich.

Ein Unterschied ist das Betriebssystem: da gibt es momentan nur zwei große Anbieter, die sich den Markt teilen. Von der Firma Google (von der haben Sie sicher schon mal gehört – dazu später mehr) kommt das Betriebssystem „Android", das von vielen verschiedenen Herstellern benutzt wird (z.B. Samsung, Huawei, LG, Sony, Xiaomi, HTC, Nokia, ...). Der zweite große Anbieter ist Ihnen sicher auch bekannt, der heißt Apple und stellt das Betriebssystem „iOS" zur Verfügung. Dieses läuft ausschließlich auf den „iPhones", die nur von Apple hergestellt werden. Sie haben also entweder ein „Android-Handy" oder ein „iPhone". Es gab vor ein paar Jahren auch noch Betriebssysteme von Blackberry und Microsoft, die jetzt aber nicht mehr auf dem Markt erhältlich sind bzw. nicht mehr hergestellt werden und momentan jedenfalls nicht relevant sind.

Eine Erwähnung wert ist auf jeden Fall auch der österreichische Handy-Hersteller „Emporia", der Tastenhandys und Smartphones produziert und verkauft. Das Betriebssystem auf den Smartphones von Emporia

bietet eine sehr vereinfachte Benutzeroberfläche mit großen Symbolen und großer Schrift. Weil dieses Betriebssystem Android als Basis verwendet, können alle auf Android installierbaren Apps genutzt werden – dazu später mehr („Eine App installieren").
Was Sie von diesem Punkt mitnehmen sollen? Wenn Sie sich ein neues Smartphone anschaffen, ist es eigentlich egal, welche Marke und welches Modell Sie wählen. Sie funktionieren alle ähnlich – aber eben oft nur ähnlich, und nicht gleich. Und wenn Sie umsteigen von einem Smartphone auf ein anderes: Wundern Sie sich nicht, wenn die Bedienung Ihnen zuerst wieder fremd und neu vorkommt und Sie sich kurzfristig nicht gleich überall auskennen!

Das Gerät richtig halten

Dieses Kapitel erscheint Ihnen auf den ersten Blick vielleicht lächerlich. Tatsächlich aber basieren viele Fehler und Ungereimtheiten wie „das Handy geht nicht" und „das Handy macht nicht, was ich will" darauf, dass man es nicht richtig in der Hand hält.

Wie halte ich es richtig?

Am besten, Sie halten das Smartphone in einer Hand (rechts oder links ist egal) und bedienen es mit der anderen. Dabei das Gerät so halten, dass Sie auf keinen Fall den Bildschirm unbewusst berühren: Nicht mit den Fingern, mit denen Sie das Gerät umklammern, und auch nicht mit dem Ballen des Daumens! Das Display (der Bildschirm) ist ja bekanntlich berührungsempfindlich. Und wenn ein Stück Ihrer Haut (Finger, Hand, Wange, Nase oder ähnliches) den „aufgeweckten“ (leuchtenden) Bildschirm berührt, „denkt“ das Gerät, Sie wollen eine bestimmte Eingabe tätigen. Das kann zu einer Aktion führen, die Sie bemerken (und Sie wundern sich vielleicht wieso sie geschehen ist), und Sie drücken die Zurück-Taste, um sie rückgängig zu machen (dazu in einem späteren Kapitel mehr). Möglicherweise führt es aber auch zu keiner Eingabe (also merken Sie gar nichts davon). Wenn Sie in weiterer Folge aber mit der anderen Hand zusätzlich eine Bedienung am Bildschirm ausführen wollen, „denkt“ das Smartphone vielleicht, Sie wollen eine Eingabe mit zwei Berührungspunkten ausführen. Die wird dann auch ausgeführt (Sie wundern sich, was hier geschieht), oder es geschieht gar nichts, weil auf dem Bildschirm, auf dem Sie sich gerade befinden, eine Eingabe mit mehreren Berührungspunkten („Multi-Touch“) gar keine Auswirkungen hat. Aber – was am wichtigsten ist – Ihre gewollte Einfachberührung wird auch nicht ausgeführt! Dann kommen eben Aussagen wie „das Handy geht nicht“ und „das Handy macht nicht, was ich will“. Um zusammenzufassen: Das Handy schön zart, aber bestimmt mit einer Hand halten und mit der anderen bedienen.

Sie kennen es sicher von sich selbst oder von jüngeren Menschen in Ihrer Umgebung. Man beschäftigt sich mit dem Smartphone und sitzt sehr nach vorne gebeugt. Wo entstehen dann körperliche Probleme? Richtig, im Nacken

und an den Schultern. Ein „Smartphone-Nacken“ ist heutzutage schon ein Haltungsproblem, das oft von Ärzten diagnostiziert wird. Sie können gegensteuern, indem Sie Ihr Gerät wenn möglich in Augenhöhe halten, und so die Wirbelsäule und den Nacken natürlich und gerade halten. Und wenn dabei die Hand zu schmerzen beginnt, weil das Hochhalten anstrengend ist, dann wissen Sie, Sie haben genug Zeit am Handy verbracht und können es wieder einstecken oder zur Seite legen.
Zum Entstehungszeitpunkt dieses Buches (2021) sind eher größere Smartphone-Modelle modern. Wenn man diese Geräte in einer Hand hält, kann man mit dem Daumen dieser Hand nicht alle Bereiche des Displays erreichen.
Früher, als die Bildschirme noch kleiner waren, war das durchaus möglich. So geschieht es, dass besonders die jüngere Generation heute das Smartphone in beiden Händen hält und mit beiden Daumen ihre Textnachrichten tippt. Das hat auch schon häufiger zum sogenannten „WhatsApp-Daumen“ geführt – einer Sehnenscheidenentzündung im Daumen- bzw. Handbereich. Hier helfen bestimmte Dehnübungen (im Internet auffindbar) oder das Schreiben mit dem Zeigefinger einer Hand.

Das Gerät von Außen

Wenn Sie das Smartphone zur Hand nehmen, die vielleicht vorhandene Hülle entfernen und es einmal genau ansehen: Was können Sie alles erkennen? Es gibt jede

Menge Tasten, Löcher, Linsen, Buchsen und Fächer, die alle eine Funktion haben. Die meisten davon sind Ein- oder Ausgänge, das heißt es kommt Information ins Gerät hinein (Töne, Bilder, Daten, Strom, Eingaben, ...) oder aus dem Gerät heraus (Töne, Bilder, Daten, ...).

Vorne am Gerät

Das Display: Eingang für Touch-Bedienung, Ausgang für Bild und Anzeige.

Eventuell Bedienelemente (eher bei älteren Geräten): Home-Taste, Zurück-Taste, Übersicht über alle Apps.

Die Home-Taste hat eventuell noch einen Fingerabdrucksensor integriert.

Sensorleiste / Sensorbereich: Oben in der Mitte, dort ist auch die Frontkamera sichtbar. Sensoren sind im ganzen Gerät verbaut und nehmen die Umwelt wahr: Umgebungslicht, Beschleunigung, Abstand/Näherung (der Bildschirm wird schwarz, wenn wir das Handy beim Telefonieren ans Ohr halten, damit wir mit der Wange nicht das Display bedienen), GPS für Ortung, Rotation (in welcher Lage befindet sich das Handy: aufrecht, liegend, seitlich, ...), Magnetometer, und ähnliche.

Mikrofon / Lautsprecher: diese Ein- und Ausgänge befinden sich an verschiedenen, mehreren Positionen am Gerät und nehme Töne auf bzw. geben sie wieder. Sie schauen aus wie kleine Löcher im Durchmesser einer

Nadel, wie mehrere solcher Löcher nebeneinander (oft an der „unteren Stirnseite“ des Geräts) oder kleine Gitter.

Fingerabdrucksensor: Dieser befindet sich wie bereits beschrieben möglicherweise in der Home-Taste (die Taste vorne unten in der Mitte), oder in der seitlichen Ein/Aus-Taste, auf der Hinterseite des Geräts, oder nicht sichtbar bereits im Bildschirm integriert (neuere Modelle). Nicht jedes Smartphone hat einen Fingerabdrucksensor: Entweder weil es zu alt dafür ist (Technik noch nicht vorhanden), zu neu dafür ist (durch Gesichtserkennung ersetzt) oder in bestimmten Modellen nicht verbaut ist.

Antenne: Es stellt sich die Frage, ob überhaupt noch Antennen verbaut sind, wie man sie von früher kennt. Um die Jahrtausendwende und davor hatten Handys noch so eine kleine Antenne oben rausstehen. Die Antwort ist einfach: Ja – Antennen sind inzwischen sehr viel leistungsfähiger und werden im Inneren des Geräts verbaut oder am Rand, und dort ist möglicherweise ein Kunststoffstreifen sichtbar, weil Metall beim Empfang eventuell stört.

Auf der Rückseite

Kamera(s): Auf Smartphones ist hinten mindestens eine Kamera verbaut. Je moderner und teurer, desto mehr Kameras gibt es. Diese decken unterschiedliche Brennweiten (Zooms) ab und steigern somit die Bildqualität gegenüber von „nur“ digitalem Zoom.

Fingerabdrucksensor (siehe oben)

Taschenlampe / Blitz

Eventuell Lautsprecher

Seitlich

Ein/Aus-Taste, Lautstärketaste(n) (werden separat erklärt unter „Echte Tasten am Smartphone")

Karteneinschub: Es gibt zwei Arten von Karten, die wir ins Smartphone einlegen können. Die SIM-Karte brauchen wir, um über einen Netzanbieter Mobilfunkdienste (Telefonie, Internet) nutzen zu können. Ohne SIM-Karte sind nur Notrufe möglich (122, 133, 144, 112, und ähnliche). Weiters bieten viele Hersteller Modelle an, in welche man eine Speicherkarte einlegen kann, um mehr Speicherplatz zur Verfügung zu haben (etwa für mehr Bilder und Videos). Diese Einschübe lassen sich mit einer Nadel, Büroklammer oder dem der Verpackung beigelegten Öffnungswerkzeug (sieht aus wie die Mischung einer Nadel und einer Büroklammer) öffnen.
Mein Rat: Lassen Sie sich dabei helfen – das sind Vorgänge, die nicht zu den Anfängeranwendungen gehören und wo auch einiges schiefgehen kann.

Anschlüsse zum Laden

Dass unsere Smartphones für den Betrieb Strom brauchen, merken wir spätestens dann schmerzlich, wenn der Akku leer wird und wir keine Lademöglichkeit haben. Die Chance, ein passendes Ladekabel zu finden, hat sich in den letzten Jahren zum Glück erheblich erhöht. Vor einigen Jahren war es üblich, dass Hersteller von Handys oder Smartphones eigene („proprietäre") Kabel und Anschlüsse verwendet haben. Wenn dann gemeinsame Bestrebungen von einigen Herstellern und/oder der Politik unternommen wurden, um Ladeanschlüsse zu vereinheitlichen, hat das oft zu noch mehr Kabelchaos geführt. Heute (2021) gibt es im Grunde „nur" mehr drei verschiedene Stecker-Typen.
Was alle Ladekabel brauchen, ist ein Netzteil. Das ist das Ding, das wir in die Steckdose stecken. Dieses ist schon seit einigen Jahren vom eigentlichen Ladekabel getrennt, damit man das Netzteil auch mit anderen Kabeln verwenden kann und um Müll zu vermeiden, wenn eines der beiden Teile kaputt geht. Das Netzteil hat einen Anschluss für das Ladekabel, und das ist bis jetzt am häufigsten ein „USB-Typ A"-Anschluss. Das ist jener Anschluss, den wir im Volksmund schon seit Jahrzehnten als „USB-Anschluss" bezeichnen.

Dieser ist relativ groß, und man muss darauf achten, dass man ihn richtig einsteckt. Apple verbaut seit wenigen Jahren am Netzteil bereits den Nachfolger des USB-Typ A, nämlich den „USB-C"-Anschluss. Dieser ist kleiner und soll in den kommenden Jahren DER alleinige Anschluss für alle elektronischen Geräte werden und alle Anschlüsse vereinheitlichen. Das führt jetzt dazu, dass die Netzteile von Apple nicht immer zu den Kabeln von anderen Herstellern passen. Wundern Sie sich nicht, wenn ein Netzteil nicht zum Kabel passt! Meistens wird es passen – aber vielleicht nicht immer. Ähnlich ist es dann beim Ladeanschluss selbst. Um das Kabel am Smartphone anzustecken, gibt es wie gesagt drei Steckertypen:

USB-Micro B

Dieser ist nicht gleichförmig, sondern trapezförmig, das heißt Sie müssen darauf achten, den Stecker richtig ins Gerät einzuführen. Tipp: Am Stecker ganz vorne befindet sich ein Symbol, das aussieht wie drei abzweigende Linien mit Pfeil, Quadrat und Kreis am Ende. Dieses Symbol muss beim Einstecken nach oben zeigen:

USB-C

Wie schon zuvor beschrieben, ist der USB-C-Anschluss die (vermeintliche) Zukunft vieler Anschlüsse. USB-C hat den Vorteil, dass er eingesteckt werden kann, ohne dass man dabei auf die Richtung achten muss. Weiters bietet er technisch die Möglichkeit, Strom, Daten, Video- & Audio-Signale in höchster Qualität übertragen zu können. Diesen Anschluss finden Sie bei neueren Laptops, den allermeisten Android-Smartphones und teilweise bei Apple iPads (NICHT bei iPhones).

Lightning

Der Lightning-Anschluss wird aktuell bei iPhones benutzt (seit 2012), und das voraussichtlich noch für viele Jahre.

Dieser ist ebenfalls richtungsunabhängig ins Gerät einsteckbar. Auf den alten iPhone-Stecker, den Dock-Connector bzw. 30-Pin-Connector, gehe ich hier nicht näher ein. Wenn Sie ein iPhone haben, das diesen Stecker noch braucht, haben Sie ein Gerät, dass schon ca. zehn Jahre alt ist oder älter, sehr langsam läuft und auch sicherheitstechnisch als problematisch anzusehen ist.
Für iPads brauchen Sie diesen Lightning-Anschluss, oder eventuell auch schon einen USB-C-Anschluss. Und am Netzteil selbst brauchen Sie dann einen USB-A- oder einen USB-C-Anschluss. Sie sehen – es gibt zwar nicht allzu viele Anschlüsse, aber doch mehrere Möglichkeiten, wie diese auf einem Kabel kombiniert sein können. Wie immer gilt: Hoffentlich wird es mit der Zeit besser!

Echte Tasten am Smartphone

Echte Tasten – also solche, die man angreifen und auch am ausgeschalteten Gerät sehen kann, gibt es am Smartphone nicht mehr viele. Prominent vorne am Gerät wären manchmal noch die Home-Taste (dazu später mehr) und vielleicht noch die Zurück-Taste und die Taste für die Übersicht über die geöffneten Apps. Modern ist es jedoch, auf der Vorderseite keine sichtbaren Tasten mehr, sondern nur noch das Display zu haben.

Ausnahmslos ALLE Geräte haben jedoch noch Tasten an der Seite bzw. an der oberen Stirnseite des Geräts: die Ein/Aus-Taste und die Lautstärkewippe.

Ein/Aus-Taste

Diese Taste hat zwei Funktionen, die gerne miteinander verwechselt werden. Die erste Funktion ist „Aufwecken" und „Schlafenlegen" des Geräts. Einmal kurz drücken – und der Bildschirm „wacht auf" und zeigt ein farbiges Bild – den Sperrbildschirm oder gleich den Startbildschirm, je nachdem, wie es bei Ihnen eingestellt wurde. Bei einem „aufgeweckten" Bildschirm einmal kurz drücken – und der Bildschirm wird schwarz, das Gerät legt sich Schlafen.

Die zweite Funktion ist tatsächlich „Ein- und Ausschalten". Dazu müssen Sie die Taste LANGE drücken, bis am Bildschirm das Menü zum Ausschalten erscheint – dort dann auf „Ausschalten" tippen, dann schaltet sich das Gerät komplett aus. Dann hilft auch ein Tippen auf die Ein-Aus-Taste nichts, es wacht nicht auf.

Wenn man ein ausgeschaltetes Gerät wieder einschalten will, muss man die Taste wieder LANGE drücken – und zwar so lange, bis ein Summen ertönt und der Bildschirm zum Leben erwacht (meist wird hier der Modellname des Geräts bzw. des Herstellers angezeigt).

Sie sehen: die zwei Funktion sind ähnlich, aber doch nicht gleich. Wenn ihr Handy eingeschaltet ist und der Bildschirm schwarz ist, dann „schläft" es – es ist nicht ausgeschaltet. Es verbraucht trotzdem Strom und führt im

Hintergrund Prozesse aus, schickt Daten hin und her und ist für Anrufe bereit!

Die Lautstärkeregler

An der Seite ihres Geräts befinden sich entweder eine längere Lautstärketaste (eine Art „Wippe"), oder zwei getrennte Lautstärketasten. Wenn Sie dann das Gerät normal im Hochformat halten, dann ist am oberen Ende der Wippe beziehungsweise bei der oberen Taste immer „lauter" und bei der unteren Seite der Wippe beziehungsweise bei der unteren Taste immer „leiser". Die Lautstärketasten kann man auch in der Kamera-App verwenden, um auszulösen (ein Foto machen) – probieren Sie es mal aus!

Über den Akku

Der Akku im Smartphone und im Tablet ist eine wiederaufladbare Batterie, die das Gerät mit dem nötigen Strom versorgt. Im Jahr 2021 haben nahezu alle Geräte Lithium-Ionen-Akkus (Li-Ion). Diese Art von Akku (2) weist einen sehr geringen Memory-Effekt (2) auf (man kann zu jedem Zeitpunkt anstecken und laden), ist aber gegenüber Überladung und Tiefentladung anfällig (2).
Diese beiden Effekte werden vom Gerät selbst kontrolliert, somit können Sie bei der Nutzung nichts (nicht viel) falsch machen (weder überladen, noch zu tief entladen). Worauf sollten Sie bei der Akkunutzung trotzdem achten?

Ladestatus in Prozent %

Sie sollten versuchen, den Ladestatus zwischen 30 und 80 Prozent zu halten – das ist zumindest die wissenschaftliche Meinung (3). Dann behält der Akku seine maximale Leistung möglichst lange. Sie laden Ihr Gerät jedes Mal bis 100% auf? Kein Problem, das mache ich meistens auch. Unter 20 Prozent gehe ich aber selten – auch aus dem Grund, da ich nicht durch unglückliche Umstände ganz ohne Akkuladung dastehen will. Aber falls Sie mal unter 20 Prozent kommen – machen Sie sich keine Sorgen. Wie schon weiter oben beschrieben – das Gerät schützt den Akku sehr gut selbst.

Wie oft sollte ich das Gerät aufladen?

Kurze Antwort: So wenig oft wie möglich. Jeder Ladevorgang stresst den Akku und lässt ihn etwas schlechter werden. Also am besten auf 20 bis 30 Prozent leer werden lassen, und dann (wenn es geht) bis ca. 80 bis 90 Prozent aufladen. Das Gerät über Nacht angesteckt lassen wird nicht empfohlen!

500-800 Ladezyklen sollten dem Gerät nichts anhaben können. Ein Ladezyklus beschreibt eine vollständige Ladung von 0 auf 100, also zieht sich ein (Ent-)Ladezyklus mit Sicherheit über einen oder mehrere Tage, je nach Nutzung.

Wie soll ich mein Smartphone oder Tablet lagern?

Am besten so, wie Sie selbst sich auch wohlfühlen. Am wichtigsten dabei ist die Temperatur: eher kühl, aber nicht eiskalt, und nicht zu heiß. Man spricht von 0 – 35° Celsius, in denen man sich bewegen soll (5).

Das heißt: das Handy im Winter nicht im Auto liegen lassen. Sollte es vorkommen, dass Sie ein unterkühltes Handy in die Hand bekommen, das sich nicht einschalten lässt: Wärmen Sie es vorsichtig auf. Sobald es wieder Raumtemperatur hat (um die 20° Celsius) und es vorher noch genügend Akkuladung hatte, stehen die Chancen gut, dass es sich wieder einschalten und benützen lässt!

Im Sommer auch bitte vorsichtig sein: Lassen Sie das Gerät nicht im heißen Auto oder auf der Terrasse in der Sonne liegen (die Sonne bewegt sich – wo vorher Schatten war, kann später die Sonne scheinen!). Es können

Schäden am Akku (weniger Leistung, Akkubrand), an der Elektronik (Leistung des Geräts) und am Bildschirm (fehlerhafte Anzeige) entstehen.
Bewahren Sie das Gerät sicher im Schatten auf oder am besten in äußeren Kleidungsschichten eingesteckt, dann ist man sich der aktuellen Temperatur immer bewusst.

Sicherheit beim Aufladen

Benutzen Sie hochwertiges Ladezubehör. Am besten, Sie verwenden das mitgelieferte, hochwertige Netzteil und Ladekabel. Wenn das nicht vorhanden ist, verwenden Sie wenn möglich Zubehör von anderen renommierten Herstellern, die ebenfalls für Qualität bekannt sind. Verzichten Sie auf No-Name-Produkte (billige Nachbauten aus dem 1-Euro-Shop oder ähnlichem); bei diesen Produkten kann man sich der verbauten Elektronik im Ladekabel bzw. Netzteil nicht sicher sein. Im schlimmsten Fall kann die Nutzung solchen Zubehörs einen Schaden am Gerät oder Akku bewirken. Wenn Sie zusätzliches Zubehör brauchen, lassen Sie sich im Fachhandel beraten oder kaufen Sie nur Zubehör vom gleichen Hersteller bzw. zertifiziertes Zubehör.

Was macht den Akku leer?

Zwei Umstände sind es, die den Akku schnell leer werden lassen. Der erste ist wahrhaftig „offensichtlich“: Wenn das Gerät benutzt wird, und somit der Bildschirm leuchten muss. Je länger das Gerät „aufgeweckt“ ist, desto schneller ist der Akku leer - ganz einfache Rechnung. Als die

Technologie der Smartphones rund um das Jahr 2008 an Fahrt aufgenommen hat, haben verschiedene Einstellungen noch viel mehr Strom verbraucht als heute, und man hat sie tunlichst selten eingeschaltet oder explizit nur bei Nutzung: WLAN, mobile Datenverbinung, Bluetooth, Bildschirm-Helligkeit, laufende Apps im Hintergrund und ähnliche. Diese Zeiten sind mehr oder weniger vorbei: Viele dieser Einstellungen laufen heutzutage entweder viel stromsparender oder schalten sich von selbst aus, wenn sie nicht gebraucht werden. Mein Zugang dazu: Ich habe alle der oben genannten Einstellungen aktiviert, damit ich sie auch benutzen kann, wenn ich sie brauche. Extra einschalten wäre mir zu umständlich!

Kurzum: Wenn Sie sich mit dem Handy beschäftigen und der Bildschirm leuchtet – dann verbrauchen Sie Strom. Die Dienste, die Sie bei der Nutzung noch brauchen, haben einen bedeutend kleineren Anteil am Stromverbrauch.

Der zweite Umstand, der den Akku strapaziert, ist die Empfangsqualität. Je besser der Empfang, desto geringer der Stromverbrauch. Klingt logisch – was bedeutet das aber im Umkehrschluss? Je näher Sie sich an einem Funkmasten befinden, desto weniger intensiv muss das Gerät nach einem Signal suchen! Je intensiver die Suche, desto höher der Stromverbrauch. Hört sich jetzt gruselig an – ist aber so. Wenn wir von der Strahlung sprechen, die uns Handyempfang usw. zufügen, dann ist das Gerät selbst die größte Strahlenquelle, nicht der Sendemast! Die modernen Geräte von heute drosseln automatisch ihre Leistung, wenn der Empfang sehr gut ist. Wundern Sie

sich nicht, dass der Akku schneller leer ist, wenn Sie zum Beispiel hoch am Berg oder im tiefsten Tal (in der Tiefgarage?) unterwegs sind.
Noch eine kuriose Geschichte am Rande: Schnurlostelefone (haben Sie so eines noch zuhause in Betrieb?) sind nicht in der Lage, ihre Leistung zu drosseln, wenn Sie sich mit dem Handgerät in der Nähe der kleinen Basisstation im Haus befinden. Schnurlostelefone „feuern" immer aus vollem Rohr! Wenn also jemand sagt: „Ein modernes Handy will ich nicht, das strahlt mir zu viel – ich bleibe bei meinem Schnurlostelefon!" – dann geht das „gut gemeint" ganz klar in die falsche Richtung (abgesehen von der fehlenden Funktionalität beim Schnurlostelefon).

Was mache ich, wenn der Akku schlechter wird?

Diese Frage ist nicht ganz leicht zu beantworten. Es gibt zwei Optionen: den Akku tauschen oder ein neues Gerät besorgen. Obwohl – für mich ist eigentlich schon klar: Ich kaufe mir ein neues Handy. Für mich als Technik-Liebhaber ist das verständlich, werden Sie sagen. Für Sie könnte das aber auch zutreffen: Gerade im Anwenderbereich, wo die Geräte nicht viel genutzt werden, nicht hinunterfallen und selten geladen werden, kann sein, dass die Geräte lange halten. Ich spreche hier von mehreren Jahren Nutzung. Bei mir schaut das ein bisschen anders aus: Um technologisch auf Vordermann zu bleiben, tausche ich mein Gerät gerne jährlich gegen ein neues (neue Funktionen, Bedienmöglichkeiten, ...). Handys haben typischerweise ein Jahr nach Erscheinen bereits ein Nachfolgemodell, das viele Dinge besser macht als sein Vorgänger (bessere Kamera, größerer und schönerer Bildschirm, längere Akkulaufzeit, mehr Funktionen, mehr Speicherplatz, ...). Sie können sich also vorstellen, wenn Sie ein Gerät z.B. schon vier Jahre lang hatten, dass ein neues (vielleicht der vierte Nachfolger?) SEHR viel besser sein wird. Von der Aktualität des Betriebssystems und den Sicherheitsupdates, die meistens nach 1-2 Jahren auslaufen, spreche ich noch gar nicht (dazu später mehr). Wenn Sie tatsächlich in ein altes Modell einen neuen Akku einbauen lassen – sollte so zwischen 40 – 70 Euro kosten – geben Sie möglicherweise Geld aus, das besser in ein neues Gerät investiert wäre. Natürlich sollte auch der Umweltschutz dabei nicht vergessen werden: Neue Geräte verbrauchen Ressourcen, da ist ein neuer Akku praktischer und umweltschonender. Aber wir sollten der Realität ins Auge blicken: Handys von heute sind Wegwerfartikel und so geschaffen, dass wir recht bald gerne ein neues hätten. Eine lobende Erwähnung sei hierbei Apple mit seinen iPhones: Diese Geräte werden inzwischen sehr lange (4-5 Jahre) mit aktueller Software (Betriebssystem) versorgt und dort lohnt es sich eher, in einen neuen Akku zu investieren.

Schutzmaßnahmen von außen

Ich kann es nur Jedem wärmstens ans Herz legen: Schützen Sie ihr Gerät mit einer Hülle! Wenn ich mir ein neues Handy oder Tablet kaufe, dann besorge ich mir im selben Moment eine passende Hülle dazu. Meine Regel lautet: Ohne passende Hülle wird das Gerät nicht in Betrieb genommen!

Eine Anekdote dazu: Wie ich schon geschrieben habe, wechsle ich gerne nach einem Jahr das Handy. Gerne verkaufe ich das typischerweise noch sehr gute Handy dann weiter - es ist ja erst ein Jahr alt.

Vor einigen Jahren habe ich für mein neues Smartphone online eine Hülle bestellt, die mir besonders gut gefallen hat, im Geschäft aber nicht erhältlich war. Da ich es nicht erwarten konnte, nahm ich das Gerät ohne Hülle in Betrieb. Und wie es der Teufel wollte – am selben Nachmittag saß ich auf meiner Terrasse (Betonboden), das ungeschützte Handy glitt aus meiner Hosentasche und schlug mit einer Ecke auf dem Boden auf. Zum Glück war es nahezu unversehrt – aber an der Ecke war es sichtbar nicht mehr in tadellosem Zustand. Was für ein Ärgernis! Handys – besonders iPhones von Apple – haben (nach einem Jahr auf jeden Fall) noch einen Wiederverkaufswert. Dieser sinkt natürlich, wenn das Gerät beschädigt ist. So habe ich am ersten Tag bereits den Wiederverkaufswert meines neuen Handys enorm geschmälert!

Welche Hülle Sie verwenden, ist nicht so wichtig – Hauptsache, Sie haben eine. Bumper, Silikonhülle für hinten, oder die beliebten „Wallets“ mit dem Deckel vorne – die Auswahl ist groß. Ich bevorzuge eine Silikonhülle für

hinten: Männer haben in Ihren Kleidungsstücken viele Taschen zum Einstecken, und wenn das Display offen in die Stofftasche kommt, wischt der Stoff gleich das Display von selber ab. Sie kennen das sicher – nach dem Telefonieren oder der Bedienung mit den Händen ist das Display immer etwas verschmiert von Hautfett und Fingerabdrücken. Mein Handy ist immer sauber, wenn ich es aus der Tasche ziehe! Damen, die ihr Handy in der Handtasche aufbewahren, tun sich in dieser Hinsicht etwas schwerer – da hat alleine die Kleidung oft schon viel weniger Möglichkeiten, ein Handy aufzunehmen.
Achten Sie darauf, dass Sie eine Hülle besorgen, die GENAU für Ihr Modell passt. Es gibt auch allgemeine Hüllen, die sich dem Gerät anpassen; die empfehle ich nicht, weil oft die Bedienung leidet oder das Ding einfach nicht genau passt.
Vorne auf das Display kann man auch ein sogenanntes „Panzerglas“ kleben lassen. Damit wird das Display verstärkt, und falls das Gerät doch mal hinunterfällt, sinkt die Wahrscheinlichkeit, dass das Display zersplittert. Displaybrüche sind die häufigsten Schäden bei Smartphones und Tablets und die Displays können auch sehr gut repariert bzw. getauscht werden. Das Panzerglas ist vollkommen durchsichtig und stört nicht bei der Bedienung, es macht das Gerät nur geringfügig dicker.

Reinigung und Pflege

Unsere smarten Geräte sollten auch regelmäßig gereinigt werden. Nehmen Sie dazu das Gerät aus der Hülle und

wischen Sie dann die Hülle außen und innen ab. Wiederholen Sie den Vorgang beim Gerät außen. Am besten eignen sich dazu entweder ein Papiertaschentuch oder Küchenkrepp. Zusätzlich können Sie etwas Handdesinfektionsmittel (bitte darauf achten, dass keine öligen Bestandteile wie Aloe Vera enthalten sind) auf das Tuch geben (nicht zu feucht – Feuchtigkeit darf nicht in das Gerät eindringen), das Gerät abwischen und schnell trocken nachwischen. Fertig verpackte Einweg-Brillenputztücher funktionieren auch sehr gut.
An dieser Stelle möchte ich auch anbringen, dass Handys und Tablet persönliche Geräte sind und sehr oft berührt, „angetatscht“, werden. Um jegliches Infektionsrisiko (auch abgesehen von Corona) zu vermindern, berühren Sie keine fremden Geräte und geben Sie Ihr Gerät auch nicht anderen Personen in die Hand – es sei denn, Sie haben Desinfektionsmittel zur Hand. Ähnlich wie bei Fernbedienungen, Tastaturen am Computer, Türklinken und Lichtschaltern ist die Dichte von Keimen (Bakterien und Viren) am Smartphone besonders hoch, da wir es ja ständig berühren (6).

Sie können Ihr Handy oder Tablet auch versichern lassen. Er werden Versicherungen beim Kauf oft mitangeboten, Sie können aber auch bei freien Versicherungen für wenig Geld (wenige Euro im Monat) eine Versicherung abschließen. Bitte kontrollieren Sie genau, was alles mitversichert ist. Am häufigsten treten Bruch- und Wasserschäden auf – achten Sie darauf, dass diese Schäden inkludiert sind!

Sie sollten beachten, dass bei einem Versicherungsvertrag vielleicht auch ein Selbstbehalt zu bezahlen ist, wenn Sie einen Schadensfall melden. Steht dieser Selbstbehalt im Verhältnis zum Wert des Gerätes?
Weiters ist das Handy bei einer Reparatur oft mehrere Wochen für Sie nicht nutzbar, da Sie es dazu einschicken müssen. Und dann besteht noch die Möglichkeit, dass eine Reparatur gar nicht möglich ist!

Die erste Hürde: der Sperrbildschirm

Das Allererste, was Ihnen am Smartphone oder Tablet begegnet, ist der Sperrbildschirm. Dieser erscheint, wenn Sie das Gerät aufwecken (siehe „Echte Tasten am Smartphone“). Aufwecken können Sie das Gerät immer mit der Ein-/Austaste, über die fest verbaute Hometaste vorne unten am Gerät, möglicherweise mit einem Doppeltipp auf den schwarzen Bildschirm (nicht bei allen Geräten verfügbar) oder auch, wenn Sie das Gerät hochheben, „so als ob Sie es ansehen wollen“ (viele jüngere Geräte können das heutzutage schon; das Gerät bemerkt das durch die eingebauten Lagesensoren).

Auf dem Sperrbildschirm ist nicht viel zu sehen: Ein Hintergrundbild (muss nicht das gleiche sein wie am Startbildschirm), meistens die Uhrzeit und das Datum, vielleicht noch ein anpassbarer Text (ich habe da zum Beispiel meinen Namen stehen, falls ich das Gerät verliere und es jemand findet), und wenige Schnellbedienelemente für Kamera/Taschenlampe oder Telefon (variiert von Gerät zu Gerät). Achtung: Wenn Sie keine weitere Bedienung am Sperrbildschirm ausführen, wird dieser schon nach wenigen Sekunden wieder schwarz! Um zum Startbildschirm zu gelangen, müssen Sie das Handy entsperren – dafür gibt es verschiedene Möglichkeiten:

Nur wischen

Das ist die einfachste Möglichkeit. In der Mitte des Bildschirms entweder nach oben, zur Seite bzw. den sichtbaren Schieberegler zur Seite wischen sollte bei allen

Geräten funktionieren (wenn keine zusätzliche Sperre eingerichtet ist).

Sicherheit: sehr gering bzw. nicht vorhanden.

Komfort: groß.

Code / Passwort eingeben

Sie müssen jedes Mal, wenn Sie das Gerät aufwecken, den Code (besteht nur aus Zahlen) oder das Passwort (beliebige Zeichen) eingeben.

Sicherheit: Wenn der Code nicht gerade „0000“ ist oder ähnlich, ist sie einigermaßen gut.

Komfort: eher schlecht und lästig – wobei vier Ziffern eher leicht einzugeben sind.

Muster malen

Es erscheint ein Feld aus 3x3 Punkten, auf dem Sie ein Muster zeichnen müssen.

Sicherheit: sehr schlecht! Der Mensch merkt sich Muster sehr gut (vor allem kleine Kinder), und wenn Ihnen jemand zusieht, wie Sie das Muster malen, wird er sich dieses Muster sehr gut merken und nutzen können, falls er an Ihr Handy gelangt!

Komfort: eher mittelmäßig, da es manchmal schlecht funktioniert und man es wiederholen muss.

Fingerabdruck

Der registrierte Finger (es können auch mehrere registriert werden – auch von verschiedenen Personen!) wird auf den Fingerabdrucksensor gelegt, und das Gerät entsperrt sich innerhalb kürzester Zeit von selbst.

Sicherheit: sehr gut. Einen Fingerabdruck nachzumachen ist auch heute noch kein leichtes und alltägliches Unterfangen.

Komfort: sehr gut (mein Empfinden – bei manchen meiner Kunden funktioniert es nicht so gut, weil das Gefühl für den Sensor nicht ganz vorhanden ist, der Finger nicht gut funktioniert oder das Auflegen des Fingers etwas schwierig ist, besonders wenn der Sensor hinten am Gerät angebracht ist).

Gesichtserkennung

Es wird das Gesicht erkannt, und das Gerät entsperrt sich automatisch innerhalb kürzester Zeit. Es kann nur ein Gesicht eingestellt werden. Brille oder nicht macht keinen Unterschied – Gesichtsbedeckungen (Mund-Nasenschutz und ähnliche) aber schon, denn dann wird das Gesicht nicht erkannt.

Bei Fingerabdruck- und Gesichtserkennung wird immer zusätzlich zur Sicherheit eine weitere Sperre eingerichtet (Code, ...) falls die biometrische Sperre nicht funktioniert.
Man kann sich durchaus die Frage stellen: Brauche ich überhaupt eine Sperre bei meinem Handy? Als Profi auf diesem Gebiet muss ich natürlich sagen: Ja, die sollten Sie haben. Es geht niemanden etwas an, was Sie auf Ihrem Handy gespeichert haben (Bilder, Videos, Kontakte und Ähnliches). Es sollte dadurch auch der Anreiz für Diebe und Gauner gemindert werden, überhaupt Handys zu stehlen. Wenn das Gerät gesperrt ist, kann ein Fremder damit nichts anfangen!
Als praktisch denkende Menschen könnten Sie aber folgende Überlegungen anstellen: Haben Sie Inhalte auf dem Gerät, für die Sie sich sehr schämen würden, wenn sie ein Fremder sehen könnte? Oder die Ihnen schaden könnten, wenn Sie der Falsche in die Finger bekäme? Haben Sie Firmengeheimnisse oder brisante berufliche E-Mails oder Ähnliches am Gerät? Wenn die Antwort auf diese Fragen klar und deutlich „Nein“ ist, könnten Sie sich dazu entscheiden, keine Sperre am Gerät einzurichten.
Handys und Tablet sind schließlich dazu da, uns Nutzen zu bringen und nicht das Leben schwerer zu machen. Dazu muss noch erwähnt werden: Man trägt das Gerät bei sich und lässt es nicht ständig unbeaufsichtigt irgendwo herumliegen, wo es jeder unbemerkt mitnehmen könnte. Das rate ich Ihnen auch deshalb, damit Sie es dabei haben, wenn Sie es in einem Notfall brauchen. Stellen Sie sich vor, Sie stürzen im Garten und können nicht mehr aufstehen. Das Handy für den Notfall liegt aber im

Wohnzimmer – wie wollen Sie Hilfe holen? Wenn nicht zufällig jemand in Rufweite ist, könnten Sie eventuell in Schwierigkeiten geraten.

Die Notfalltasten

Bedienelemente auf der Vorderseite des Geräts

Home-Taste

Die „Home-Taste“ (der „Home-Button“) ist wieder ein Begriff, der aus dem Englischen kommt. „Home“ bedeutet in diesem Sinn „nach Hause“ oder „an den Start“, und zwar auf den einen Bildschirm, der als Ihr Startbildschirm (= der „Home Screen“) eingestellt ist. Die Home-Taste befindet sich IMMER unten in der Mitte entweder als echte Taste (eventuell ist hier auch der Fingerabdrucksensor verbaut) oder am aufgeweckten Bildschirm als „virtuelle Taste“. Sie hat oft verschiedene Formen (Kreis, Quadrats, Dreieck oder Häuschen), ist aber immer in der Mitte.

Man könnte die Home-Taste als eine Art „Flucht-Taste“ bezeichnen. Man beendet das, was man gerade macht, und kommt direkt auf den Startbildschirm. Ein Problem haben Sie mit dieser Vorgangsweise noch nicht gelöst, aber Sie können anderweitig weiterarbeiten. Wenn Ihr Gerät genügend Leistung verfügt, bleibt die App, aus der Sie gerade „geflohen“ sind, im Hintergrund offen. Sollten Sie wieder auf dieselbe App tippen, die Sie gerade verlassen hatten, können Sie auf genau dem gleichen Stand weiterarbeiten, wie Sie sie zuvor verlassen hatten!

Je leistungsfähiger Ihr Smartphone ist (der Arbeitsspeicher RAM ist hier gemeint), desto mehr Anwendung können im Hintergrund gleichzeitig offenbleiben.
Diese Taste ist übrigens bei Android-Handys und iPhones mit einem echten Knopf (den haben neuere Geräte nicht mehr – dazu später unter „Gestensteuerung“ mehr) die gleiche und hat auch dieselbe Funktion.
Falls das jetzt unverständlich klingt, lesen Sie bitte die noch die nächsten Punkte – gemeinsam mit den Erklärungen zur „Zurück-Taste“ und „Übersicht über die geöffneten Apps“ ergibt das eine schöne, zusammenhängende Geschichte.

Zurück-Taste

Die Zurück-Taste befindet sich rechts oder links der Home-Taste (von Gerät zu Gerät unterschiedlich) und schaut immer aus wie ein Pfeil nach links (egal ob sie rechts oder links angeordnet ist).
Warum der Pfeil nach links schaut, könnten Sie sich fragen? Das hat mit unserer westlichen Kulturgeschichte zu tun. Wir schreiben nach rechts – deshalb hat sich in unserem Gehirn festgesetzt, dass nach rechts so viel bedeutet wie „weiter, vorwärts, voran, in die Zukunft, senden“ und Ähnliches. Nach links wiederum bedeutet „zurück, letztes, in die Vergangenheit, antworten“. Diese rechts/links - Pfeile in verschiedenen Anwendungen werden Ihnen noch öfter begegnen!

Achtung – iPhones haben diese Taste nicht. Bei einem iPhone wird Ihnen der Zurück-Knopf immer links oben auf dem Bildschirm angezeigt, wenn er verfügbar ist. Oder es funktioniert ein Wischen (auf einem Smartphone „Geste“ genannt) vom linken Bildschirmrand nach rechts, um zum vorhergehenden Bildschirm zu kommen.
Wenn Sie die Zurück-Taste betätigen, gelangen Sie immer genau einen Schritt zurück: Tastatur ausblenden, den vorhergehenden Bildschirm anzeigen, ins vorhergehende Menü wechseln, die vorhergehende Internetseite öffnen und Ähnliches. Immer einen Schritt zurück – bis Sie schließlich am Home-Screen (Startbildschirm) wieder ankommen. Sie sehen: Ganz oft den Zurück-Knopf zu drücken hat den gleichen Effekt wie die Home-Taste zu drücken – man kommt auf den Startbildschirm. Bei Kunden sehe ich oft, dass sie immer ganz oft die Zurück-Taste drücken, um auf den Startbildschirm zu kommen. Sparen Sie sich die Zeit und drücken Sie gleich die Home-Taste!

Übersicht über zuletzt geöffnete Apps

Bleibt noch die letzte Taste der drei Bedienelemente unten auf dem Bildschirm: die „Übersicht über die zuletzt geöffneten Apps/Programme“. Die Taste kann je nach Gerät unterschiedlich aussehen: ein Quadrat, drei vertikale Striche nebeneinander oder zwei übereinander geschobene Blätter. Egal wie sie aussieht: Bei Android-Geräten ist sie die dritte Taste neben der Home- und der Zurück-Taste.

iPhones haben diese Funktion nicht als Taste – bei Geräten mit der physischen, „echten“ Home-Taste steckt diese Funktion im Doppelklick der Home-Taste (zweimal schnell hintereinander die Home-Taste klicken) bzw. wenn Sie mit der Gestensteuerung langsam vom unteren Bildschirmrand in die Mitte und dann etwas zur Seite wischen.
Was macht sie? Genau das, was der Name schon sagt. Es werden die zuletzt geöffneten Apps in verkehrter Reihenfolge gezeigt: Die letzte App, mit der Sie gearbeitet haben, dann die davor, und davor, und davor, und so weiter. Die Apps können vertikal aufgereiht sein (nach oben hin die immer älteren geöffneten Apps) oder horizontal (nach links die immer älteren geöffneten Apps). Die Taste ist sehr praktisch, wenn Sie zwischen zwei Apps hin- und herspringen wollen, ohne ständig das originale App-Symbol suchen zu müssen. Bei manchen Geräten können Sie mit einem Doppeltipp (zweimal schnell hintereinander) auf die „Zuletzt geöffneten Apps“ zur davor verwendeten App kommen. Sehr praktisch!
In dieser Übersicht können Sie einzelne Apps schließen. Was bedeutet „Schließen“? Wenn Sie mit der Home-Taste aus einer App „fliehen“, merkt sich das Gerät genau den Status der App, wie Sie sie verlassen haben. Wenn Sie sie wieder öffnen – haben Sie genau den gleichen Bildschirm vor Augen, bei dem Sie die App verlassen hatten. Die App wurde nicht geschlossen, sondern nur zur Seite gelegt! Das kann ein Vorteil (wenn ich genau dort weitermachen will) oder ein Nachteil (wenn ich hoffnungslos feststecke und nicht weiterweiß) sein – dazu später mehr („Wozu das

ganze? Grundlegende Arbeitsweise mit Smartphones“). Ein Schließen der App bedeutet, dass sie komplett aufhört zu arbeiten, nicht im Hintergrund weiterläuft und auch von vorne startet, wenn ich wieder auf das passende App-Symbol tippe.
Sie können eine App in der Übersicht auf mehrere Arten schließen. Viele Geräte bieten bei jeder App rechts oben ein „X“ an – dieses X bedeutet in der Computer-Sprache immer „schließen“ oder etwas verhindern. Wenn die Apps vertikal (von oben nach unten) angeordnet sind, können Sie eine App schließen, indem Sie sie mit einem Finger nach rechts oder links schieben („aus der Liste schieben“). Wenn die Apps horizontal angeordnet sind (nebeneinander), können Sie eine App schließen, indem Sie sie nach oben schieben (nach unten geht nicht). Auch bei iPhones müssen Sie die App nach oben schieben.
Einfacher als das alles ist jedoch die Extra-Schaltfläche darunter, die wie ein Mülleimer aussieht oder wo „Alle schließen“ oder ähnliches draufsteht (diese Schaltfläche ist bei iPhones nicht vorhanden).
Dort tippen Sie drauf – und alle Apps werden sofort geschlossen. Diejenigen unter Ihnen, die schon länger ein Smartphone benutzen, haben vor vielen Jahren vielleicht einmal beigebracht bekommen, dass wir die offenen Apps immer schließen sollten, nachdem wir unsere Arbeit am Gerät beendet haben und es Schlafen legen. Diese Vorgehensweise stammt noch aus einer Zeit, wo das Betriebssystem und die Apps noch schlechter programmiert waren und auch im Hintergrund relativ viel Strom bzw. Leistung des Geräts verbraucht haben. Diese

Zeiten sind glücklicherweise vorbei. Wenn Sie wollen, können Sie diese Praxis beibehalten – sowohl Apple als Google (die Hersteller der beiden meistgenutzten Betriebssysteme iOS und Android) haben aber im Jahre 2016 bestätigt, dass kein Strom dabei gespart werden kann. Eher im Gegenteil – eine App schließen und dann neu starten, kann sogar mehr Akku verbrauchen als sie im Hintergrund offen zu lassen (7).

Die Gesten-Steuerung bei moderneren Geräten

So wie sich auch in der Mode verschiedene Stile durchsetzen und dann wieder in Vergessenheit geraten, können sich auch die oben beschriebenen Bedienelemente als Tasten mit der Zeit verändern. Immer öfter, angestoßen durch die Gesten-Steuerung beim iPhone durch das Wegfallen der Home-Taste, wird auch auf Android-Geräten immer häufiger auf die Gestensteuerung gesetzt.
Die Bedienung durch die Gestensteuerung zeigt entweder am unteren Ende des Displays einen grauen dünnen Balken an – oder gar nichts.

Die Bedienung ist mit oder ohne sichtbaren Balken jeweils gleich: Durch Wischen von ganz unten in die Mitte des Bildschirms wird die Home-Taste simuliert – Sie gelangen auf den Startbildschirm.
Durch Wischen vom seitlichen Rand des Bildschirms (egal ob rechts oder links) in die Mitte des Bildschirms (kann etwas Übung erfordern) simuliert man bei Android-Geräten die Zurück-Taste.

Beim iPhone wäre „Zurück“ von links nach rechts und „Vorwärts“ von rechts nach links – so wie man das auch aus einem Internetbrowser kennt. Und durch Wischen von unten nach oben (wie bei der Simulation der Home-Taste) und nachfolgendem Verweilen auf dem Bildschirm (Finger nicht vom Display nehmen!), wird die Übersicht über die zuletzt geöffneten Apps simuliert.
Keine Angst – momentan kann man zwischen den Bedienmöglichkeiten wechseln, die Einstellung dafür ist aber in der Einstellungen-App begraben. Lassen Sie sich von einem Fachmann oder technikbegeisterten Menschen helfen, diese Einstellung zu ändern. Leider ist die Einstellungsmöglichkeit bei den verschiedenen Herstellern unterschiedlich benannt, sodass hier keine allgemein gültige Anleitung gegeben werden kann. Im Jahr 2021 finden Sie die Einstellung bei Samsung etwa in „Anzeige –> Navigationsleiste“ und bei Huawei in „System & Aktualisierungen –> Systemnavigation“. iPhones bieten je nach Gerät nur eine Möglichkeit an: entweder die Steuerung über die Home-Taste (wenn sie vorhanden ist) oder die Gestensteuerung (wenn die Home-Taste nicht vorhanden ist).

Grundlegende Arbeitsweise mit Smartphones

Für die Bedienung des Smartphones oder Tablets sind die drei „Notfalltasten“ bzw. die Home-Taste alleine an und für sich schon mal sehr nützlich! Mit den drei Tasten haben Sie aber auch ein sehr mächtiges Werkzeug in der Hand:

Sie können sich über Probieren & Fehlermachen jedwede App und Bedienung beibringen, die Sie wollen!
Wenden Sie folgende Schritte in dieser Reihenfolge an:

1. GENAU DORTHIN tippen, wo Sie etwas machen wollen: direkt auf ein Symbol oder, wenn es eine Zeile / Balken ist, mitten in die Zeile. Dann sollte der gewünschte Effekt eintreten.

2. Es passiert gar nichts? Tippen Sie nochmals, diesmal konzentrierter (aber nicht länger – das ist eine andere Bedienung, siehe „Tippen / Drücken“). Oder Sie drücken woanders, wenn Sie ohnehin genau gezielt haben oder dort keine Bedienung möglich ist.

3. Es ist ein Effekt eingetreten und eine Seite erscheint – es passt Ihnen aber nicht, wo Sie gelandet sind? Gehen Sie EINEN SCHRITT ZURÜCK mit der „Zurück-Taste“ (iPhones von links nach rechts wischen oder links oben „Zurück“) und wählen Sie etwas anderes aus. Bei Android kommen Sie mit der Zurück-Taste auch immer ganz aus der App raus – beim iPhone nicht.

4. Sie sind „steckengeblieben“? Es kann sein, dass manchmal in gewissen Apps nichts mehr geht. Keine Bedienung, keine Zurück-Taste. Die Home-

Taste hilft dann auch nicht viel – wenn Sie die App gleich wieder aktivieren, sind Sie immer noch am gleichen Bildschirm, wo Sie nicht weiterkönnen. Also: Öffnen Sie die Übersicht über zuletzt geöffnete Apps und schließen Sie die App. Dann suchen Sie wieder die App, mit der Sie zuvor gearbeitet haben. Beim Neustart der App können Sie wieder von vorne beginnen und sich einen anderen Weg zur Lösung suchen!

So – im Grunde brauchen Sie den Rest nicht mehr zu lesen, das war die wichtigste Lektion in diesem Buch. Den Rest können Sie sich mit Probieren & Fehlermachen („Trial and Error") alleine beibringen! Herzlichen Dank für die Aufmerksamkeit, alles Gute, auf Wiedersehen!

Das war jetzt ein Scherz am Rande – obwohl, eigentlich nicht. Genauso macht man es doch im Leben: Ausprobieren – Fehler machen – Fehler korrigieren – erfolgreich sein. Das habe ich auch gemacht – schließlich muss man sich irgendwie ja etwas selbst beibringen, und ich habe das mit all den Inhalten gemacht, die Sie in diesem Buch vorfinden. Keine Angst – ich habe noch viel mehr zu sagen, und das füllt noch einige Kapitel in diesem Buch.

Erste nützliche Einstellungen

Wenn ich ein neues Gerät in die Hand bekomme (von Kunden, die ich betreue, oder wenn ich selber ein neues habe), stelle ich sofort zwei Dinge ein: Das Bildschirm-Timeout und die Schriftgröße. Gemeinsam mit „Lautlos" stellen, sind das meine „Ersten drei Einstellungen" am Gerät.

Bildschirm-Timeout verlängern

Sie kennen das sicher: Man beschäftigt sich mit dem Gerät – und wird dann in seiner Tätigkeit unterbrochen. Man spricht mit einem anderen Menschen oder Ähnliches... und wenn man dann wieder auf das Gerät blickt, hat es sich „schlafen gelegt"; der Bildschirm ist schwarz. Dabei war die Unterbrechung nur sehr kurz! Viele meiner Kunden und Teilnehmer meiner Kurse haben die Bitte an mich, zu erklären, wie man diesen Zustand ändert.
Dazu benötigen Sie die Einstellungen-App: Diese sieht aus wie ein Zahnrad. Oft ist es grau, manchmal auch blau, und sie ist immer mit „Einstellungen" beschriftet.

Eventuell müssen Sie Ihre App-Schublade (den „App-Drawer", engl.) öffnen (dazu mehr unter, „Wo finde ich alle meine Apps?"). Das Einstellungen-Menü ist immer ähnlich organisiert. Ganz oben befinden sich mehrere Menüpunkte zu den Verbindungen des Geräts, etwa „WLAN", „Mobilfunknetz", „Weitere Verbindungen", „Bluetooth" und ähnliche.

Danach kommen oft die Untermenüs für Startbildschirm, Hintergrund und auch die Anzeige (oder in manchen Geräten eben auch „Display“). Auf Anzeige/Display müssen Sie tippen, um Einstellungen an der Anzeige vorzunehmen.

Die Unterpunkte betreffen hier oft die Helligkeit des Displays, die Farbtemperatur, Augen schonen (Blaufilter), dunkler Modus (alles schwarz statt alles weiß in Menüs und Apps), und eben auch das Bildschirm-Timeout (auch Ruhezustand genannt) und die Schriftgröße (dazu mehr im nächsten Punkt).

Bei Ruhezustand/Bildschirmtimeout steht auf jeden Fall eine Zeitangabe dabei: 30 Sekunden, 1 Minute, 2 Minuten und so weiter. Tippen Sie auf diesen Menüpunkt. Wahrscheinlich ist bei Ihnen 30 Sekunden voreingestellt. Diese Zeit fängt immer im Hintergrund zu laufen an, wenn Sie den Bildschirm das letzte Mal berührt haben. Falls Sie also vermuten, dass das Display bald schwarz werden könnte – einfach mal darauf herumwischen oder tippen, um die Zeit neu zu starten.

Ich rate Ihnen, die Zeit auf mindestens zwei Minuten einzustellen, damit Sie bequem mit dem Gerät arbeiten können. Dann können Sie auch ruhig das Handy in der Gruppe herumzeigen, wenn Sie z.B. ein interessantes Bild zum Herzeigen haben.

Sie erinnern sich – aus Hygienegründen das Handy eher nicht aus der Hand geben.

Schriftgröße

Im selben Anzeige/Display-Menü ist auch die Einstellung für die Schriftgröße/Textgröße/Anzeigegröße zu finden. Diese Einstellungen werden jeweils mit einem Schieberegler getroffen. Suchen Sie sich hier die passenden Größen für Schriften und Anzeigen aus. Mein Tipp: Auch wenn Sie sich mit dem Sehen schwertun – wählen Sie nicht unbedingt überall die allergrößte Einstellung aus. Die größten Schriftgrößen sind zwar besser zu lesen, oft aber reicht dann die Größe des Bildschirms in der Breite nicht aus, um dann manche Wörter und Begriffe im Ganzen anzuzeigen, und dann leidet wieder die Nutzbarkeit des Geräts.

Auf Lautlos schalten

Kennen Sie das – Sie sind in der Kirche, bei einem wichtigen Termin oder gar auf einem Begräbnis – und Ihr Handy läutet laut? Das kann sehr peinlich oder störend sein. Die Höflichkeit gebietet es, dass man sich bei manchen Anlässen nicht vom Handy stören lässt.

Deshalb gehört auf „Lautlos“ zu stellen, zu meinen ersten drei Einstellungen am Gerät.

Das geht auch ganz einfach: Wecken Sie Ihr Gerät auf und entsperren Sie es. Suchen Sie dann die Lautstärke-Tasten bzw. die Lautstärkewippe an der Seite des Geräts. Hier haben Sie nun verschiedene Möglichkeiten, das Gerät auf „Lautlos“ zu stellen:

- Drücken Sie die Leiser-Taste (die untere der beiden Tasten) mehrmals, bis der Regler für die Lautstärke, der dann am Bildschirm erscheint, verschwunden ist und nur mehr „Vibrieren“ anzeigt.

- Drücken Sie die Leiser-Taste (die untere der beiden Tasten) einmal, und schieben Sie mit dem Finger am Bildschirm den Regler soweit nach unten oder links (je nach Gerät), bis er verschwunden ist, und nur mehr „Vibrieren“ anzeigt.

- Drücken und halten Sie die Leiser-Taste (die untere der beiden Tasten), und der Regler wird einen Sprung machen, plötzlich verschwunden sein und nur mehr „Vibrieren“ anzeigen.

Wichtiges Detail: Sie sollten nachher nicht vergessen, die Lautstärke wieder anzupassen, da Sie sonst Benachrichtigungen und Anrufe nicht hören. Aber keine Angst – wenn Sie das Gerät das nächste Mal zur Hand nehmen und sehen, dass einige Benachrichtigungen und Anrufe angezeigt werden, fällt es Ihnen sicher ein, dass Sie diese nicht gehört haben!

Bedienung mit den Fingern

Tippen / Drücken

Das Haupteingabeinstrument bei Handy und Tablet sind unsere Finger bzw. unsere Haut (probieren Sie mal den Knöchel, die Nasenspitze, oder auch den Fingernagel) in Verbindung mit dem Bildschirm. Die Technik funktioniert mit Elektrizität und nennt sich „kapazitives Display“ (8), dabei ermittelt das Display die Position durch Veränderung eines elektrischen Feldes. Dazu muss zumindest ein Stück Haut oder ein ähnliches leitfähiges Material den Bildschirm berühren.

Es kann vorkommen, dass Sie den Bildschirm berühren, das Gerät aber keine Eingabe „fühlt“. Dann kann sein, dass Sie trockene Finger haben. Mit zunehmendem Alter verliert die Haut die Fähigkeit, genug Fett und/oder Feuchtigkeit zu speichern (9).

Da die Eingabe am Display aber durch geleiteten Strom funktioniert, können Finger, die trocken wie Papier sind, zu gar keiner Eingabe führen. Feuchten oder Fetten Sie den Finger ganz leicht an (Ablecken wird aus Hygienegründen nicht empfohlen), dann sollte es wieder funktionieren.

Sehr gute Dienste leisten auch sogenannte „Stylus“-Kugelschreiber, die hinten einen kleinen Knubbel aus speziellem Kunststoff haben. Achtung – das ist kein Radiergummi, und ein Radiergummi funktioniert für diese Bedienung nicht! Dieser Kunststoff leitet auch Strom und ist besonders beim Tippen von Texten sehr hilfreich, da ein

Finger meistens viel größer ist und die Buchstaben viel schlechter trifft. Zur Navigation (Wischen) ist ein Stylus meist nicht gut geeignet, da es durch die entstehende Haftreibung kleine Sprünge statt einer gleichmäßigen Wischbewegung erzeugt.

Tippen und Drücken sind hier in einem Punkt zusammengefasst, weil sie unterschiedliche Bedienarten darstellen, die man mit einem Finger ausgeführt.

Ihre Haupteingabe sollte „**Tippen**" sein: Kurz dorthin tippen, wo Sie eine Eingabe tätigen wollen. Die Zeit ist hierbei ausschlaggebend. Das Display bemerkt schon die kleinste und kürzeste Berührung; machen Sie einfach „Tipp"! Was ich oft bei Kunden und Kursteilnehmern sehe: Wenn ein Tipp nicht funktioniert, wird fest und lange nochmals „gedrückt". Bitte machen Sie das nicht – länger auf einen Punkt zu drücken ist eine andere Eingabeart für das Gerät!

„**Drücken**" kann so einfach sein: Legen Sie den Finger zielgenau dorthin, wo Sie die Eingabe machen wollen UND DANN WARTEN SIE.

Wichtig: Nicht wackeln mit dem Finger, sonst denkt sich das Gerät, dass Sie wischen wollen (und das ist wieder eine andere Eingabeart). Beginnen Sie in diesem Fall von Neuem. „Drücken" brauchen Sie eher selten als Eingabeart: Beim Markieren (ein Bild in der Galerie, eine Nachricht in WhatsApp, eine E-Mail im Posteingang, ein Wort auf einer Webseite ...), oder beim Verschieben eines App-Symbols auf dem Startbildschirm.

Wischen

Das Smartphone ist ja auch als „Wischhandy“ bekannt, also sollten Sie die Bedienart „Wischen“ ohne Probleme beherrschen.
„Wischen“ benötigen Sie, wenn Sie sich (bzw. den Bildschirmausschnitt) in der Anzeige weiterbewegen wollen: Nach links, rechts, oben oder unten; von einer Seite zur nächsten, von einem Bild zum nächsten, und so weiter. Dazu legen Sie den Finger auf das Display, wischen in eine Richtung und nehmen den Finger wieder weg – so als ob Sie prüfen würden, ob auf der Kommode Staub liegt. Ich rate Ihnen, das Ganze schön gemächlich zu machen und nicht den Bildschirm zu „schleudern“, wie man es gerne bei Jugendlichen sieht. Schön kontrolliert – dann erzielen Sie die besten Ergebnisse. Achten Sie auch darauf, wo Sie wischen. Im Telefonbuch (wo Ihre Kontakte angezeigt werden) sollten Sie eher in der Mitte des Displays nach oben und unten wischen, da sich auf der rechten Seite möglicherweise ein Alphabet als Bedienelement befindet. Dann bleibt die Liste immer dort stehen, wo Sie den Finger absetzen, und effektiv kommen Sie nicht weiter nach unten. Andere Anwendungen hingegen erfordern, dass Sie explizit KEINE Inhalte berühren, wenn Sie wischen – aber das merken Sie dann ohnehin selber!

Zoomen mit zwei Fingern

Moderne Smartphones und Tablet beherrschen die „Multi-Touch“-Bedienung. Das bedeutet, dass nicht nur ein einzelner Finger Eingaben tätigen kann, sondern auch mehrere zugleich. Oft ist es so, dass mehrere Finger am Display gar keine Eingabe darstellen (siehe „Das Gerät richtig halten“). Die wichtigste Mehr-Finger-Bedienung ist das Zoomen, also das Größer/Kleiner-Machen des Bildschirminhalts. Sie kennen es sicher: Daumen und Zeigefinger in der Luft zusammenführen, beide in der Mitte des Displays aufsetzen, die Finger am Display auseinanderziehen, und die Finger wieder absetzen. So werden das Bild bzw. die Internetseite größer gezoomt. Verkleinern geht genau andersrum: Daumen und Zeigefinger getrennt voneinander auf das Display aufsetzen, am Display zusammenführen und die Finger wieder absetzen. Mein Rat: Gerne dürfen Sie diese Gesten langsam und kontrolliert ausführen und sollten nicht die Finger allzu schwungvoll „herumwerfen“.

Autozoom

Zoomen mit zwei Fingern funktioniert sehr gut, wird aber meiner Meinung nach noch vom Auto-Zoom übertroffen. Was ist der Auto-Zoom? Wie der Name schon sagt, geschieht hier irgendetwas automatisch. Bei einem einzeln dargestellten Bild oder Foto in der Galerie versuchen Sie folgendes: Tippen Sie zweimal schnell hintereinander in die Mitte des Displays. Falls Sie schon mal mit einem Computer gearbeitet haben: Das ganze sollte so wie ein Doppelklick mit der Maus ablaufen: „Tipp-Tipp“.
Was passiert? Das Bild wird größer! Wenn es nicht funktioniert: Schneller tippen! Wenn Sie dann nochmals doppelt tippen, wird das Bild wieder an den Rahmen

angepasst (das ist dann der eigentliche Auto-Zoom). Möglicherweise wird das Bild auch zwei- oder dreimal hintereinander noch größer, bevor es wieder in der Originalgröße angezeigt wird. Mit einem Finger können Sie dann den Bildausschnitt verschieben, um alle Details genau zu sehen.

Den Auto-Zoom können Sie auch gut im Internet anwenden, wenn eine Schrift zu groß oder zu klein angezeigt wird: Mit dem Doppeltipp auf die Schrift passt sich der Absatz genau an die Bildschirmgröße an – und dann ist alles perfekt lesbar!

Ich für meinen Teil brauche selten die zwei Finger. Wenn ich in der Galerie schwelge, schaut das bei mir folgendermaßen aus: Nächstes Bild (wischen), nächstes Bild (wischen), Bild vergrößern (Doppeltipp), Details ansehen (mit einem Finger Bildausschnitt verschieben), Bild wieder klein machen (wieder Doppeltipp, eventuell nochmal, bis das Bild wieder in den Rahmen passt), nächstes Bild (wischen).

Wie ist der Startbildschirm organisiert?

Nachdem Sie bereits im Kapitel „Die erste Hürde: der Sperrbildschirm“ den Sperrbildschirm kennengelernt haben, folgen jetzt ein paar Informationen über den Startbildschirm. Dieser erscheint ja, wenn Sie den Sperrbildschirm erfolgreich überwunden haben. Der Startbildschirm, auch „Home-Screen“ genannt, stellt immer den Startpunkt für unsere Arbeit am Handy oder

Tablet dar. Doch wie und in welche Bereiche ist der Startbildschirm unterteilt?
Von oben nach unten gibt es folgende Bereiche:

Die Statusleiste

Die Statusleiste befindet sich am oberen Bildschirmrand. Sie ist im Hintergrund entweder schwarz oder schaut so aus wie Ihr eingestellter Hintergrund. Falls Ihnen die Symbole sehr klein vorkommen: Die Anzeigegröße der Statusleiste können Sie leider nicht verändern. In der Statusleiste finden sich einige wichtige Symbole, die den Betriebszustand gut darstellen.
Immer sichtbar sind die Uhrzeit, die Akkuladung (immer als Balken, vielleicht sogar als Prozentanzeige; das lässt sich einstellen) und der Netzempfang (eventuell sogar die Art der Internetverbindung: 3G, 4G, LTE, H+, ...). Sehr oft ist der Netzbetreiber zu sehen (in Österreich: A1, Magenta, Drei, ...). Falls Sie mit einem WLAN verbunden sind, ist auch dieses Zeichen sichtbar (mehr dazu im Kapitel „Den Zugang zum Internet herstellen“). Eine vorhandene Bluetooth-Verbindung und bald läutende Wecker werden auch angezeigt.

Frei belegbarer Bereich

Direkt unter der Statusleiste beginnt der frei belegbare Bereich, und der reicht bis fast ganz nach unten (die unterste Reihe und die Bedienelemente bleiben noch übrig). In diesem Bereich können Sie beliebig Apps,

Ordner und „Widgets“ anordnen – deshalb sieht der Startbildschirm bei jedem Smartphone auch anders aus. Eine **App** ist immer ein Feld mit einem Namen, das eine Anwendung öffnet. Ein **Ordner** beinhaltet mindestens zwei Apps und ist mit einem Tipp zu öffnen. Ordner bieten sich an, ähnliche Apps zusammenzufassen (alles was mit Fotos und Bildern zu tun hat, alles was mit Nachrichten zu tun hat, alles was mit Social Media zu tun hat, alles was mit Sport zu tun hat, ...). Man erstellt ganz einfach einen Ordner, indem man eine App lange drückt und dann auf eine weitere App zieht – ein Ordner entsteht mit diesen beiden Apps als Inhalt. Man kann Apps in bestehende Ordner ziehen und auch wieder rausziehen – wie es Ihnen gefällt. Ein **Widget** ist eine Anwendung direkt am Startbildschirm mit einer speziellen Funktion: Es kann vielleicht direkt interagiert werden (Musik starten und Lieder wählen), es können direkt Funktionen gestartet werden (Kontakt öffnen, Anruf tätigen, Nachricht schreiben, Lied erkennen, ...) oder es werden Inhalte am Startbildschirm angezeigt, die sonst nur in der App selbst sichtbar sind (E-Mails, Notizen, Nachrichten, Kalendereinträge, ...). Apps, Ordner und Widgets können Sie durch Verschieben (lange auf das Element drücken und dann mit dem Finger ziehen) anordnen bzw. auf andere Seiten ziehen, wenn Sie das Element an den Rand einer bestehenden Seite ziehen. Sollte dort noch keine Seite existieren, wird eine neue leere Seite entstehen!

Anzeige, auf welchem Startbildschirm ich bin

Zwischen der untersten Reihe und dem frei belegbaren Bereich sehen Sie ein paar weiße Punkte. Die Anzahl dieser Punkte entspricht der Anzahl Ihrer Startbildschirme nebeneinander. Möglicherweise (nicht bei allen Geräten) ist einer dieser Punkte ein kleines Häuschen; das ist Ihr Haupt-Startbildschirm unter allen Startbildschirmen. Dorthin kehren Sie zurück, wenn Sie aus einer App heraus oder auf einem anderen Startbildschirm die Home-Taste drücken. Einer der weißen Punkte sollte heller und größer sein: Auf diesem Startbildschirm befinden Sie sich gerade. Wenn Sie links oder rechts wischen, sehen Sie, wie dann jedes Mal ein anderer Punkt leuchtet. Es wird Ihnen also angezeigt, auf welcher „Seite“ Sie sich befinden. Diese Art der Seitenkennzeichnung kommt auch in anderen Apps vor und ist sehr nützlich.

Die unterste Reihe – verankerte Apps

In der untersten Reihe befinden sich Apps oder Ordner, die immer dortbleiben, egal, auf welchem Startbildschirm Sie sich befinden. Deshalb sollten Sie dort Apps hinschieben, die Sie häufig brauchen bzw. die Sie nicht lange suchen wollen. Da bieten sich folgende Apps an: Telefon, WhatsApp, Textnachrichten (SMS), Kamera, Google Maps, Galerie, Internetbrowser, Google Suche und ähnliche.

Wo finde ich alle meine Apps?

Das ist eine berechtigte Frage! Leider ist sie nicht für alle Geräte pauschal zu beantworten. Sie haben eine Fülle an Apps auf Ihrem Gerät. Viele Apps sind schon vorinstalliert und auf jeden Fall nützlich und wichtig für uns: Telefon, Textnachrichten (SMS), Galerie, Taschenrechner und ähnliche. Andere sind vom Hersteller vorgegeben und werden vielleicht nie von uns gebraucht (diverse Cloud-Dienste und Nachrichtendienste der Hersteller). Die meisten dieser vorinstallierten Apps sind leider nicht entfernbar und müssen auf dem Gerät bleiben. Das heißt natürlich nicht, dass Sie sie auch benützen müssen! Verwenden Sie die Apps, die Sie kennen und brauchen, und probieren Sie fremde Apps einfach beizeiten mal aus – vielleicht ist ja was Nützliches für Sie dabei?

Wie der Startbildschirm organisiert ist, sind wir bereits durchgegangen. Den Startbildschirm bzw. die Startbildschirme können Sie so anordnen, wie SIE es für richtig halten. Theoretisch könnte sich auf einem Startbildschirm NUR die App für das Telefonieren befinden – sonst nichts. Alle anderen Apps sind woanders – nicht gelöscht oder verschwunden! Aber wo sind sie? Da gibt es zwei Möglichkeiten:

Entweder Sie finden alle Apps in der sogenannten „App-Schublade" (englisch „App-Drawer") oder es befinden sich alle Ihre Apps irgendwo auf Ihren Startbildschirmen verteilt. Letzteres ist recht einfach zu verstehen: Wenn Sie eine App suchen, müssen Sie „nur" alle Startbildschirme gut durchsuchen (Ordner nicht vergessen zu öffnen!), bis Sie sie gefunden haben. Wenn Sie natürlich sehr viele

Apps auf Ihren Startbildschirmen haben, kann das mühsam sein.
Die erste Möglichkeit – die App-Schublade – muss erst geöffnet werden, um alle Apps anzuzeigen. Das geschieht entweder durch Wischen in der Mitte des Displays von unten nach oben oder beim fix verankerten „Menü“-Symbol in der untersten App-Reihe auf dem Startbildschirm. Dieses Symbol besteht oft aus mehreren Punkten: 3x3 Punkte, 4x4 Punkte oder 2x3 Punkte. Die App-Schublade hat oft auch mehrere Seiten – achten Sie auf die Punkte der Seitenanzahl ganz unten!
Wenn Sie ein iPhone nutzen: Ältere Modelle bzw. Betriebssystemversionen vor iOS 14 haben alle Apps auf den Startbildschirmen verteilt. Mit der Einführung von iOS 14 wurde rechts vom letzten Startbildschirm eine „App-Mediathek“ hinzugefügt, die der App-Schublade von Android-Handys sehr ähnlich ist. Zusätzlich wurden auch Widgets eingeführt – Sie sehen, die beiden Betriebssysteme Android und iOS kommen sich immer näher.
Aus der App-Schublade bzw. der App-Mediathek können Sie dann Apps auf den Startbildschirm ziehen (auch mehrmals auf verschiedene Seiten). Einfach lange auf das gewünschte App-Symbol in der App-Schublade drücken und anfangen zu verschieben (dann verändert sich die Anzeige und es erscheint der Startbildschirm) oder im erscheinenden Zwischenmenü auf „Zu Start hinzufügen“ tippen. Wenn Sie KEINE App-Schublade haben und vom Startbildschirm eine App entfernen (durch lange draufdrücken und in den Mülleimer verschieben oder auf

„Deinstallieren“ tippen), dann haben Sie sie tatsächlich vom Gerät entfernt. Wenn Sie sie wieder haben wollen, müssen Sie die App im Google-Play-Store neu installieren (siehe auch „Eine App installieren“). Im Gegensatz dazu – wenn Sie eine App-Schublade haben und vom Startbildschirm eine App entfernen (durch lange draufdrücken und in den Mülleimer verschieben oder im Zwischenmenü auf „Von Start entfernen“ tippen), dann wurde die App nicht deinstalliert, sondern nur vom Startbildschirm entfernt.
Sie finden Sie auf alle Fälle in der App-Schublade wieder – das ist der Ort, an dem alle vorhandenen Apps „aufbewahrt“ werden.

Wichtige Anwendungen am Smartphone

Als erste wichtige Anwendungen möchte ich Ihnen Telefonieren, SMS-Schreiben und Fotografieren/Videos-Aufnehmen zeigen. Warum diese drei? Telefonieren ist die grundlegendste Funktion eines mobilen Telefons, da gibt es keinen Zweifel. Dazu muss ich auf jeden Fall mit einem Mobilfunknetz verbunden sein, Internetverbindung ist dazu keine notwendig. Um dann auch gleich bei der Nutzung ohne Internet zu bleiben, stelle ich Ihnen Textnachrichten vor, die ohne Internet funktionieren (was heute im Jahre 2021 gar nicht mehr so üblich ist) – die SMS. Und da bekanntlich unsere smarten Geräte vorne und hinten sogar mit Kameras ausgestattet sind und diese ebenfalls ohne Internetzugang funktionieren, gehört Fotografieren bzw. Videos-Aufnehmen ebenfalls in die Gruppe der wichtigen Funktionen.

Telefonieren-App

Zur Nutzung eines Telefons gehört unbestritten das Telefonieren an sich, obwohl heutzutage das Telefonieren oft nur einen kleinen Bruchteil der Nutzung eines Smartphones ausmacht. Es wird häufig viel mehr fotografiert, im Internet gesurft, Nachrichten werden geschickt, und Ähnliches. Trotzdem möchte ich Ihnen eine kurze Erklärung dieser App nicht vorenthalten.

Die Telefon-App kennen Sie sicher, sie sieht aus wie ein altmodischer Telefonhörer, meistens ist es ein weißer Hörer auf grünem Grund.

Und ja, auch das Telefonieren ist eine App. Sie vereint bei allen Modellen von Smartphones und Betriebssystemen die Funktionalitäten von Telefonieren (Tastenfeld und Wählen-Taste), Kontaktliste (Telefonbuch), letzte Telefonate (Anrufliste) und vielleicht noch Favoriten (Kontakte, die ich hervorgehoben haben will, weil ich sie oft benötige). Diese Funktionen sind oben oder unten in der geöffneten App als Reiter organisiert („Karteikarten“ von links nach rechts angeordnet).
Telefonieren ist einfach - Nummer eintippen im Tastenblock, und unten auf die „Wählen“-Taste tippen (diese Taste ist meist grün). Die Nummer wird gewählt und der Anruf startet.

Einen Kontakt suchen

Wenn Sie einen Kontakt erreichen wollen, der sich bereits eingespeichert in Ihrer Kontaktliste bzw, im Telefonbuch Ihres Handys befindet, müssen Sie den Kontakt vorher suchen und finden. Aber wie macht man das?
Wenn die Person, die Sie suchen, in letzter Zeit mit Ihnen in Kontakt war, scheint sie in der Anrufliste auf.
Die Anrufliste zeigt uns in zeitlich absteigender Reihenfolge, mit wem wir zuletzt in Kontakt waren. Dabei ist auch das Datum und eventuell die Uhrzeit sichtbar. Oft steht auch „Heute“ und „Gestern“, und erst bei älteren Daten wird das Datum angezeigt. Tippen Sie auf den Kontakt (man kann durch nach oben Wischen die Liste auch ältere Anrufe ansehen), und folgendes kann geschehen (von Gerät zu Gerät unterschiedlich): Der

Kontakt wird gewählt und angerufen; oder es öffnet sich die Kontaktseite und dort können Sie mit dem kleinen Hörer wählen; oder es erscheint ein Zwischenmenü, wo Sie mit dem kleinen Hörer wählen können oder bei „i“ (für „Informationen“) oder „Details“ wieder auf die Kontaktseite kommen. Merken Sie sich: Da Telefonieren eine wichtige Funktion des Smartphones ist, ist der Knopf fürs Wählen nie weit entfernt!

Telefonbuch

Wenn der gewünschte Kontakt nicht in der Anrufliste aufscheint, weil Sie schon länger nicht mit ihm in Kontakt waren, müssen Sie ihn im Telefonbuch suchen. Dazu tippen Sie auf den Telefonbuch/Kontakte-Reiter, und Sie sehen in alphabetischer Reihenfolge Ihre gespeicherten Kontakte. Sie erreichen auf drei mögliche Arten Ihren gewünschten Kontakt:

Durch **Scrollen** (englisch, etwa „Blättern“, „sich in eine Richtung bewegen“, „Durchsuchen“):
Wischen Sie mit einem Finger in der Mitte des Displays von unten nach oben, dann bewegt sich die Liste nach unten. Achten Sie darauf, den Finger wirklich in der Mitte aufzusetzen, damit Sie das Alphabet am rechten Rand nicht berühren (nächster Punkt). Wenn Sie Ihren Kontakt gefunden haben: Drauftippen, und die Kontaktseite mit allen Möglichkeiten wird geöffnet: Kontakt ansehen, anrufen, Textnachricht schreiben, eventuell WhatsApp-

Nachricht schreiben oder Anruf tätigen, Kontakt bearbeiten, Kontakt löschen.

Alphabet an der Seite:
Am rechten Rand des Telefonbuchs ist entweder bereits ein Alphabet zu sehen, oder es erscheint, wenn Sie einmal in der Mitte gewischt haben, um einen Kontakt zu suchen. Sobald das Alphabet erscheint, können Sie den Finger darauflegen und auf- und abwischen. Es ist dann als Orientierungshilfe auch der Buchstabe größer zu sehen, wo im Alphabet Sie sich gerade befinden.
Mein Tipp: Den richtigen Buchstaben GENAU zu finden, kann etwas mühsam sein. Wenn Sie in der Umgebung des Buchstabens sind, den Sie suchen, heben Sie den Finger wieder an und suchen Sie den Rest mit kontrolliertem Wischen („Scrollen“) weiter!

Die **Suchfunktion**:
Es liegt mir besonders am Herzen, Ihnen die Suchfunktion zu zeigen. Sie ist ein sehr mächtiges Werkzeug, auf elektronischen Geräten aller Art (Computer, Smartphones & Tablets, E-Book-Reader, ...) schnell und einfach Inhalte zu finden. Die Suchfunktion befindet sich in der Telefon-App im Reiter „Kontakte/Telefonbuch“ ganz oben auf der Seite (das heißt, Sie müssen nach unten wischen, damit Sie ganz nach oben gelangen) und sieht oft aus wie eine Lupe oder eine Zeile bzw. ein kleines Feld mit einer Lupe.
Dort tippen Sie drauf und beginnen mit der Eingabe Ihres Suchbegriffs. Sie sollten dabei langsam vorgehen: Immer einen Buchstaben langsam nach dem anderen tippen, und

achten Sie darauf, dass Sie sich nicht vertippen. Warum ist das wichtig? Aus zwei Gründen: Sie sollten sich nicht vertippen, da nur genau diese Inhalte gesucht werden, die Sie schreiben. Wenn Sie „Sohn" schreiben wollen, sich aber schon beim ersten Buchstaben vertippen und „Dohn" schreiben, werden Sie nur Wörter bzw. Namen finden, die die Buchstabenfolge „Dohn" auch wirklich beinhalten!

Die Suchfunktion ist im Gegensatz zur Google-Suche nicht hellseherisch begabt und korrigiert nicht von selber! Der zweite Grund, aus dem Sie langsam tippen sollten ist, damit Sie gleich darunter die passenden Vorschläge sehen. Vielleicht reicht es, wenn Sie „So" getippt haben, dass darunter der passende Vorschlag „Sohn" angezeigt wird, weil sonst kein Name Ihres Telefonbuchs den Bestandteil „So" beinhaltet. In diesem Fall sind Sie bereits am Ziel angelangt und können unterhalb auf den passenden Vorschlag tippen. So sparen Sie Zeit (weniger Buchstaben schreiben) und Mühe (Buchstaben tippen ist immer etwas mühsam).

Die Suchfunktion findet natürlich nur Inhalte, die auch wirklich im Telefonbuch oder Text vorkommen. Sie suchen nach dem „Papa", haben ihn aber als „Vati" eingespeichert? Dann werden Sie ihn so nicht finden.

Die Suchfunktion ist dann besonders nützlich, wenn Sie Vor- und Nachnamen eingespeichert haben (ich habe das bei all meinen Kontakten so gemacht – falls ich einen Kontakt versende, heißt er dann nicht „Schatzi", „Papa" oder „Oma").

Ein Beispiel: Sie könnten mich als Dr. Martin Kreim eingespeichert haben (viele meiner Kunden machen das genau so, weil es so auf meiner Visitenkarte steht). Sie wollen mich suchen, scrollen zu „K“ wie Kreim – und finden mich nicht. Kann ja sein, vielleicht sortiert Ihr Telefonbuch nach Vornamen. Also unter „M“ gesucht – auch nichts gefunden. Ah, der Titel! Vielleicht ist das der erste Bestandteil des Namens! Also zu „D“ gescrollt – und, wie kann es anders sein – auch nichts gefunden. So was aber auch! In der Hektik haben Sie mich nicht gefunden. Sie wissen aber, dass Sie mich eingespeichert haben, wir haben doch auch schon telefoniert! Ich weiß, das kann in der Hektik passieren, dass man Namen übersieht und überliest. Da kommt jetzt die Suchfunktion ins Spiel: Tippen Sie in die Zeile ganz oben / auf die Lupe und geben Sie langsam „K-R-E“ ein, und Sie werden sehen: Da steht mein Name! Sie werden wahrscheinlich wenige Namen haben, die diese genaue Kombination an Buchstaben beinhaltet!

Sie sehen, die Suchfunktion kann wahrhaftig Wunder vollbringen. Ich persönlich nutze Sie, um Internetseiten, E-Bücher oder große Dokumente auf dem Computer nach gewissen Wörtern zu durchsuchen. Funktioniert fabelhaft, und ich möchte diese Funktion nie wieder missen müssen!

Welche Funktionen habe ich während eines Anrufes?

Diese Frage kann für Sie auf den ersten Blick seltsam klingen – was soll ich während eines Anrufes schon großartig machen? Auf den zweiten Blick werden Sie merken: ganz schön viel eigentlich.

Wo lege ich einen Anruf auf?

„Ha!", werden Sie sich denken. Die Fragen werden ja immer blöder! Wo legt man den Anruf auf? Na bei der roten Taste. Richtig! Der springende Punkt dabei ist: Nur dort legt man auf! Nicht mit der Home-Taste, nicht mit der Zurück-Taste, und nicht auf der Ein/Aus-Taste (wo Sie das Display schwarz schalten).

Ein Anruf ist für ein Telefon so wichtig, dass man ihn nur schwer beenden kann (damit es uns nicht ständig passiert). Also: Suchen Sie den roten Knopf, um einen Anruf zu beenden.

Es ist aber so, dass Sie während eines Anrufes Ihr Handy relativ „normal" weiterbenutzen können. Wenn Sie die Home-Taste betätigen, wird Ihnen der Startbildschirm angezeigt. Der Anruf läuft weiter, ist aber in den Hintergrund getreten: Sie hören die andere Person am anderen Ende immer noch sprechen. Sie können jetzt Kontakte durchsuchen, in der Galerie Bilder ansehen, im Internet surfen, den Taschenrechner benutzen und noch vieles mehr – und der Anruf läuft immer noch!

Jetzt stellt sich aber die wichtige Frage: Wenn ich den Anruf nicht sehen kann, und er noch immer läuft: Wie

komme ich zurück zum Anruf bzw. wie kann ich diesen mit der roten Taste beenden?
Achten Sie auf Ihren gesamten Bildschirm: Ganz oben, in der Statusleiste, hat sich etwas verändert. Die Statusleiste, wie wir schon wissen, ist normalerweise entweder schwarz, oder in der Farbe des Hintergrundbildes oder der Farbe der verwendeten App.
Wenn ein Anruf im Hintergrund läuft, ist der Anruf in der Statusleiste sichtbar! Die meisten Geräte zeigen dann die Statusleiste leuchtend grün (oder zumindest einen Teil davon), und es steht dort die Anrufzeit mit einem abgehobenen Hörer.
Um zum Anruf zurück zu gelangen, tippen Sie auf diesen grünen Bereich (der Anrufbildschirm öffnet sich wieder), oder ziehen Sie die Statusleiste einmal von oben nach unten. Dabei kommt entweder der Anrufbildschirm zurück, oder es wird ein kleiner Balken oben erscheinen mit dem Namen des Kontakts, mit dem wir sprechen und einem kleinen Symbol für „Auflegen" (ein roter Telefonhörer). Merken Sie sich: Ein laufender Anruf ist nicht einfach so verschwunden – in der Statusleiste finden Sie ihn!

Lautsprecher

Während des Anrufes sind auf dem Telefonbildschirm einige Symbole zu sehen, die bei jedem Gerät und Hersteller ähnlich bzw. sogar gleich sind: Lautsprecher, Halten, Stummschalten und der Ziffernblock. Diese vier Schaltflächen sind sehr wichtig zur Verwaltung des aktuellen Anrufs. Eventuell sehen Sie noch Kalender, Memo, Kontakte und „Anruf hinzufügen“. Falls Sie mit diesem Buch gleichzeitig Ihr Smartphone anschauen, wundern Sie sich nicht, wenn Sie diesen Bildschirm nicht finden. Er erscheint nur, wenn Sie gerade ein Telefonat führen – und das tun Sie wahrscheinlich nicht, während Sie in diesem Buch lesen!

Der Lautsprecher macht das, was der Name schon sagt: Das Gespräch wird laut wiedergegeben (Sie brauchen das Gerät nicht ans Ohr halten). Wozu kann ich das brauchen?

Ich kann mehrere Personen auf meiner Seite des Gesprächs mithören und mitsprechen lassen; oder ich kann das Gerät ablegen oder in eine Halterung geben (im Auto, in der Küche), um die Hände frei zu haben. Somit ist der Lautsprecher auch eine Freisprecheinrichtung! Mehrere meiner Kunden telefonieren gerne immer mit Lautsprecher, da ihnen die Lautstärke besser passt als am Ohr. Man muss dann aber auch damit rechnen, dass man Mitmenschen in der Umgebung mit dem Anruf stört.

Ein weiteres klassisches Anwendungsgebiet des Lautsprechers ist, wenn man direkt während des Anrufes Informationen verarbeiten (etwas aufschreiben, mitschreiben, notieren) oder auf dem Gerät suchen will (einen Kontakt suchen, ein Bild begutachten, eine Mail lesen / vorlesen, eine Textnachricht kontrollieren, einen Kalendereintrag erstellen ...).

Sagen Sie dann einfach: „Warten Sie, ich schalte auf Lautsprecher“, tippen Sie auf die Home-Taste, suchen Sie nach der Information und lesen Sie sie vor. Übrigens: Man warnt den Gesprächspartner aus Höflichkeitsgründen auch immer vor, wenn der Lautsprecher aktiviert ist und/oder andere zuhören könnten.

Tastenfeld einblenden

Bei diesem Knopf waren viele meiner Kunden überrascht, dass es diesen gibt.
Bei allen Geräten, die wir vor den Smartphones benutzt haben, war immer die Tastatur bzw. der Nummernblock sichtbar. Den brauchen wir nach dem Wählen der gewünschten Nummer sehr selten, aber wenn, ist es doch meistens wichtig, weil es sich wahrscheinlich um den Anruf bei einer wichtigen Nummer handelt (Hotline, Notruf und ähnliches). Sie kennen es sicher: „Um mit einem Mitarbeiter zu sprechen, drücken Sie bitte die Zwei!" Ja, ich würde gerne drücken, wenn ich wüsste, wo! Jetzt wissen Sie es: Auf Ihrem Bildschirm gibt es während des Telefonierens (und nur dann – Sie brauchen jetzt nicht danach suchen) ein Symbol, das aussieht wie 3x3 Punkte und einer direkt darunter: So wie eben ein Nummernblock aussieht. Unten die Null, und darüber alle Zahlen von Eins bis Neun. Wenn Sie dort tippen, erscheint wie beim Wählen der Nummernblock, und Sie können Ihre gewünschte Zahl eintippen. Es empfiehlt sich, vorher auch den Lautsprecher zu betätigen, dann versäumen Sie garantiert nichts, was gerade im Gespräch passiert! Durch nochmaliges Tippen des Nummernblocks kehren Sie zum gewohnten Anruf-Bildschirm zurück.

Stummschalten

Die letzten beiden Funktionen betreffen das Gespräch selber. Die „Stummschalten“-Taste schaltet Sie für den anderen Gesprächsteilnehmer auf Stumm, sodass dieser Sie nicht hören kann. Das könnten Sie brauchen, wenn Sie mit einem Menschen in Ihrer Nähe kurz etwas besprechen müssten, ohne dass der Mensch am anderen Ende der Leitung hört, was Sie sagen.

Halten

„Ein Gespräch halten“ heißt, dass es weiterläuft, aber keiner von beiden das Gespräch führen kann. Diese Funktion wird benötigt, wenn Sie z.B. einen anderen Anruf erhalten, und diesen zuerst führen müssten. Der andere Teilnehmer, der gehalten wird, bekommt in der Zwischenzeit Musik vorgespielt und die Information, dass das Gespräch in Kürze vorgesetzt wird („Bitte warten – bitte nicht auflegen“ oder „Please hold the line“).

In vielen Fällen ist es jedoch praktischer und vielleicht auch höflicher, wenn man den ersten Anruf gleich beendet und später erneut anruft, damit keine Wartezeit entsteht. Man weiß ja nie, wie lange ein dazwischengeschobenes Telefonat dauern kann – man hat es ja schließlich angenommen, weil es wahrscheinlich wichtiger ist als das erste.

SMS-Schreiben

SMS (engl. für „Short Message Service“, also etwa „Kurznachrichten“) gibt es seit Anfang der 1990er-Jahre (10) und funktioniert über das Mobilfunknetz (keine Internetverbindung notwendig!). Eine Kurznachricht umfasst 160 Zeichen, moderne Smartphones fügen aber nahtlos mehrere SMS zusammen, sodass Sie auch mehr Text verfassen können. Wieviel eine SMS kostet bzw. wie viele SMS gratis in Ihrem Tarif enthalten sind, ist heutzutage immer noch ein wichtiger Bestandteil von Mobilfunktarifen (gemeinsam mit Telefonie und Datenvolumen, siehe auch „Tarife beim Smartphone“). Die SMS-App ist auf den meisten Geräten blau (Android), gelb (Android) oder grün (iPhone/iPad) und heißt „Nachrichten“ oder „Messages“ (engl. für „Nachrichten“). So gut wie immer ist im farbigen Feld eine Sprechblase in weiß enthalten – egal bei welchem Betriebssystem. Mit „Nachrichten“ sind hier die SMS gemeint – nicht die Nachrichten, die wir in der Zeitung lesen können. Das kann etwas Verwirrung stiften.

SMS lesen

Wenn Sie bereits WhatsApp oder Signal nutzen – und ich bin mir fast sicher, dass Sie das tun – dann ist Ihnen der Aufbau einer Nachrichten-App bereits bekannt.

Ähnlich wie in der Anrufliste befindet sich ganz oben immer die neueste Konversation – egal ob Sie geschrieben haben oder Sie angeschrieben wurden. Konversationen werden immer nach Kontakt geordnet – Sie finden bei einem Kontakt (Nummer oder Name ist dabei egal) den gesamten Nachrichtenverlauf. In jeder Zeile ist auch immer das Datum zu sehen, und wann die letzte Nachricht geschickt oder empfangen wurde. Wenn Sie in die Mitte der Zeile tippen, öffnet sich der Nachrichtenverlauf (auch: Konversation oder sehr häufig engl. „Chat“ für „Tratschen“), und Sie können die letzten Nachrichten je Kontakt lesen. Bei dieser Anordnung sind die letzten Nachrichten immer ganz unten (nicht oben). Dabei stehen rechts immer Ihre geschriebenen Nachrichten, und links die Ihres Gegenübers.

Neue SMS schreiben

Eine neue Nachricht an einen beliebigen Kontakt schreiben Sie mit dem Plus-Zeichen (+) auf dem Hauptbildschirm mit den Konversationen. Dieses Zeichen befindet sich bei vielen Geräten rechts unten oder unten in der Mitte. Falls Sie kein „Plus“ sehen, können Sie nach einem schräggestellten Stift Ausschau halten (z.B. beim iPhone rechts oben), eventuell mit „Neue Nachricht“ oder „Chat starten“ beschriftet.
Eine Textnachricht besteht immer aus zwei Teilen: Einem Empfänger und der Nachricht selbst. Der Empfänger ist immer oben einzutragen, Sie tippen entweder die entsprechende Mobilfunknummer ein (an Festnetzanschlüsse können nur sehr selten Textnachrichten versandt werden), oder suchen den Kontakt mit der eingebauten Suchfunktion aus (den

Kontakt dann antippen – nicht vergessen!) – siehe auch „Kontakt suchen und wählen“.
Nachdem Sie einen oder mehrere Empfänger gewählt haben, springt Ihr Gerät entweder selbstständig in die Texteingabezeile weiter unten oder Sie müssen selbst in dieses Feld tippen. Erst dann können Sie eine Nachricht schreiben!
Ein guter Tipp: Wenn Sie etwas schreiben wollen, müssen Sie in einer Textzeile einen „Cursor“ sehen. Das ist ein blinkender senkrechter Strich. Ohne den geht gar nichts – der zeigt uns an, an welcher Position wir schreiben, wenn wir die Tastatur betätigen. Sie sehen die Tastatur gerade nicht? Die erscheint immer dann, wenn Sie in eine Texteingabezeile tippen – unabhängig davon, ob Sie den blinkenden Cursor schon sehen!

TIPP: Sie schreiben genau dort, wo der Cursor blinkt. Wenn Sie die Tastatur nicht sehen, tippen Sie in ein Schreibfeld, dann erscheint sie.

Nachdem Sie die Nachricht nach Ihren Wünschen verfasst haben, tippen Sie auf den „Senden“-Knopf. Der befindet sich immer direkt rechts neben der Texteingabezeile und sieht oft aus wie ein Pfeil nach rechts (oder rechts oben) oder ein Papierflugzeug, das nach rechts (rechts oben) fliegt.

Die gesendete Nachricht erscheint dann sofort ein Stück weiter oben in Ihrem Nachrichtenverlauf.

Über die Tastatur

Damit Sie überhaupt effizient Ihre wunderbaren Nachrichten verfassen können, werde ich Ihnen kurz die Funktionalität der Tastatur näherbringen.

Buchstaben und Abstand

Die sind unübersehbar in der Mitte des Tastaturfeldes angeordnet. So, wie der Buchstabe jetzt gerade aussieht, so wird er auch geschrieben (groß oder klein).

Wenn Sie zwischen Groß- und Kleinschreibung wechseln wollen, tippen Sie auf die Hochstelltaste, welche sich links unten befindet und wie ein Pfeil nach oben aussieht. Sie erkennen, dass dann die Buchstaben auf der Tastatur groß (wenn sie vorher klein waren) oder klein (wenn sie vorher groß waren) geworden sind.

Nach einem Großbuchstaben kommt immer ein Kleinbuchstabe: Außer Sie haben die Hochstelltaste fixiert (mit einem langen Drücken oder mit einem Doppeltipp – je nach Gerät), dann werden alle folgenden Buchstaben großgeschrieben. Mit einem weiteren Einfachtipp auf die Hochstelltaste wird der nächste wieder klein. Nach einem Satzende (Punkt, Fragezeichen, Rufzeichen) wird der nächste Satz bei vielen Geräten automatisch groß begonnen!

Leertaste:

Zwischen zwei Wörter gehört ein Abstand. Den machen Sie mit der Leertaste, und die befindet sich bei allen Tastaturen immer unten in der Mitte und ist etwas länger. Eventuell steht da ein Wort drauf (der „Markenname“ der Tastatur oder die eingestellte Sprache).

Viele Tastaturen sind standardmäßig so eingestellt, dass bei zweimaligem Tippen der Leertaste ein Punkt hinter das letzte Wort gesetzt wird und automatisch ein Abstand für den nächsten Satz erzeugt wird. Sehr praktisch!

Zahlen und Sonderzeichen

Die Zahlen sind bei Ihnen möglicherweise als oberste Reihe zu sehen. Das muss aber nicht so sein – falls nicht, und falls Sie Zahlen und sonstige Sonderzeichen (Doppelpunkt, Fragezeichen, Rufzeichen, Euro-Symbol, Klammern, Plus-Minus, Klammeraffe, ...) benötigen, müssen Sie auf „Zahlen und Sonderzeichen“ umschalten. Direkt unter der Hochstelltaste sollten Sie die Taste für die Sonderzeichen finden. Darauf sind mehrere Zeichen wie Zahlen, Fragezeichen, Rufzeichen, Raute-Taste oder ähnliches abgebildet. Wenn Sie dort tippen, verschwinden die Buchstaben und es erscheinen jede Menge Sonderzeichen in der Mitte, und auf jeden Fall oben die Zahlen.

Sollten Ihnen diese Sonderzeichen nicht reichen: Es gibt noch eine Seite davon. Links unten befindet sich eine neue Taste, die mit weiteren Sonderzeichen beschriftet ist (oder mit 2/2 für die zweite Seite der Sonderzeichen). Sie können dann jederzeit zwischen Sonderzeichen (Sonderzeichen-

Tasten oder 1/2 oder 2/2) und den Buchstaben (ABC) wechseln. Punkt und Beistrich sind oft auf der „normalen“ Tastaturansicht mit den Buchstaben auffindbar (eventuell links und rechts neben der Leertaste).

Löschen bzw. „Backspace“

Dort, wo links sich die Hochstelltaste befindet (ein Pfeil nach oben), ist auf der rechten Seite die Backspace-Taste. Sie sieht aus wie ein Pfeil nach links, in dem sich ein „x“ befindet.
Sie verrät durch ihr Aussehen bereits ihre Funktion: die Richtung nach links bedeutet so viel wie „Zurück, vorhergehend, rückgängig“ (siehe auch das Kapitel zur „Zurück-Taste“), und das kleine „x“ in der Taste ist auf Computeroberflächen oft das Zeichen für Schließen bzw. Löschen. Das bedeutet, dass die Backspace-Taste das letzte Zeichen nach links löscht bzw. rückgängig macht, also wenn Sie sich z.B. vertippt haben.

Return-Taste

Wer von Ihnen schon mal mit einer Computertastatur gearbeitet hat, kennt sicher die Return-Taste. Sie befindet sich ganz rechts und sieht aus wie ein Pfeil, der zuerst nach unten und dann nach links zeigt. Damit soll angedeutet werden, dass die aktuelle Zeile abgeschlossen wird und ein neuer Absatz begonnen wird. Absätze gliedern Texte und macht sie besser lesbar.

Diese Funktion eines neuen Absatzes bzw. einer neuen Zeile ist die einzige Funktion, die diese Taste auf dem Smartphone hat. Auf dem Computer hat sie noch die Funktion als „Eingabe“-Taste, etwa um zu „bestätigen“ oder „fortzufahren“.

Umlaute und Sonderbuchstaben

Heutzutage befinden sich die Umlaute (ä,ö,ü) fast auf jeder Smartphone-Tastatur, wenn das Gerät nicht zu alt ist. Das liegt unter anderem auch daran, dass die Geräte immer größer wurden und Tastaturen mehr Platz einnehmen konnten.

Umlaute sollten ganz rechts angezeigt werden. Wenn Sie die Umlaute nicht direkt auf der Tastatur angezeigt bekommen, brauchen Sie wieder die „Drücken“-Geste. Sie drücken lange (nicht fest) auf den Grundbuchstaben des Umlauts (z.B. „u“ für „ü“) und warten, bis ein kleines Zwischenmenü erscheint. Den Finger müssen Sie dabei immer noch am Display belassen! Einer der Buchstaben/Zeichen in diesem Zwischenmenü leuchtet farbig, während die anderen grau/weiß/farblos bleiben. Schieben Sie jetzt den Finger in die Richtung, in der sich Ihr gewünschtes Zeichen befindet, bis dieses leuchtet, und lassen Sie den Finger los. Wenn natürlich bereits Ihr gewünschtes Zeichen leuchtet, brauchen Sie den Finger nicht verschieben und können gleich loslassen. Das in Österreich wichtige „scharfe S“ (ß) befindet sich in dem Fall im Buchstaben „s“.

Sehen Sie Ihre Tastatur genau an: Je nach Gerät befindet sich möglicherweise auf fast jedem Buchstaben ein kleineres, unscheinbares Zeichen als Zweitbelegung. Durch langes Drücken auf die Taste können Sie diese Zweitbelegung sofort schreiben, ohne in die Sonderzeichen wechseln zu müssen!

Wortvorschläge und Autokorrektur

Da unsere Smartphones sehr leistungsfähig sind, kann man erwarten, dass Sie einige Dinge für uns automatisch erledigen oder je nach unserer Bedienung Eingaben vorhersehen.

Bei der Verwendung der Tastatur ist das schon der Fall! Wenn Sie ein Wort schreiben, werden bei aktivierter Autokorrektur (oft voreingestellt) direkt über der Tastatur drei Wörter angezeigt. Das Wort, das Sie schreiben (ob von der Rechtschreibung her richtig oder falsch), wird ganz links angezeigt. Falls Sie sich vertippt haben und die Tastatur automatisch ein Wort findet, das passen könnte (z.B., wenn Sie „Hakko" statt „Hallo" schreiben – „k" befindet sich gleich neben „l" auf der Tastatur"), erscheint es fett geschrieben in der Mitte. Dieses fett geschriebene Wort würde dann im Text erscheinen, wenn Sie nach Beendigung Ihres Wortes auf die Leertaste drücken. Wenn Sie tatsächlich das „falsche" Wort schreiben wollen, müssen Sie auf das Wort ganz links drücken.

Es geht aber auch einfacher: Nachdem Sie das Wort beendet haben und es automatisch ausgebessert wurde – und Sie wollten aber das „falsche" Wort schreiben –

drücken Sie die Backspace-Taste. Dann wird wieder Ihr geschriebenes Wort angezeigt. Und jetzt drücken Sie wieder die Leertaste, dann bleibt das „falsche“ Wort angezeigt (die Tastatur merkt, dass Sie es ernst meinen und bessert Sie nicht wieder aus!). Da ich sehr schnell tippe und mir die Tastatur auch bei größeren Smartphones im Grunde immer noch zu klein ist, leistet mir die Autokorrektur sehr gute Dienste.

Die Wortvorschläge hingegen verwendet man aktiv: Nachdem Sie ein Wort geschrieben haben, erscheinen ebenfalls direkt über der Tastatur, wo die Autokorrektur eben noch angezeigt wurde, die Wortvorschläge.

Woher kommen diese Vorschläge? Es gibt Sätze und Formulierungen, die in einer Sprache oft verwendet werden. Das heißt, für jedes Wort gibt es statistisch Wörter, die danach häufig auftreten.

Das Smartphone lernt aber auch von Ihnen, wenn Sie es nutzen: Häufig von Ihnen benutzte Abfolgen von Wörtern werden Ihnen bei den Wortvorschlägen angezeigt. Ein Beispiel: Wenn ich einen Satz beginne mit „Alles“, dann kommen in den Wortvorschlägen hintereinander „Gute“, „zum“ und „Geburtstag“, da ich genau diese Grußformel immer verwende, wenn ich jemandem zum Geburtstag gratuliere.

Ähnliches gilt, wenn ich meine Standard-Verabschiedung in einer Textnachricht hinzufüge. Achten Sie auf die Wortvorschläge, Sie können Ihnen sehr viel Zeit und Mühe ersparen – Tippen ist schließlich immer etwas umständlich.

Gemischt funktionieren die beiden Techniken, wenn Sie vorerst nur wenige Buchstaben des nächsten Wortes eintippen: Dann errät das Smartphone das nächste Wort, und wenn Sie es durch Tippen auswählen, ist es auch automatisch korrekt geschrieben!

Fotografieren und Videos drehen

Geben Sie es zu – Fotografieren und eventuell Videos machen gehören zu den häufigsten Anwendungen bei Ihrem Smartphone.
Das ist auch gut – diese Technologien waren noch vor wenigen Jahren durch eigene (oft recht teure) Geräte nur denen vorbehalten, die sich aktiv darum bemühten. Heute sind diese Funktionen standardmäßig in jedem Smartphone integriert!

Fotos machen

Die Kamera-App sieht oft genauso aus, wie sie heißt: Sie erscheint uns meistens wie eine von vorne abgebildete Kamera als Rahmen des Gehäuses mit einer Linse in der Mitte. Wenn Sie drauftippen und die App öffnen, sollten Sie sich standardmäßig im Foto-Modus befinden. Die verschiedenen Modi werden Ihnen über dem Auslöseknopf (weiß gefüllt oder offen – bei aufgerichtetem Bildschirm „unten“ sichtbar) angezeigt: Foto, Video, Portrait, Zeitlupe / Zeitraffer, Panorama, Nachtmodus und ähnliche sind dort auffindbar. Diese Liste ist bei jedem Gerät etwas anders – Sie gelangen zum nächsten Modus, indem Sie auf das Wort tippen oder den Bildschirm wie ein Galeriebild zur Seite wischen (von Gerät zu Gerät unterschiedlich).

Auslösen

Mit dem besagten Auslöseknopf machen Sie ein Foto – einfach drauftippen. Dabei möchte ich „Tippen" extra betonen: Wenn Sie tippen, machen Sie ein einzelnes Foto. Viele Geräte haben die Einstellung, dass Sie ganz viele Fotos hintereinander machen, wenn Sie lange draufdrücken. Wozu das gut ist, wenn Sie viele Fotos auf einmal haben? Sie können sich im Nachhinein das beste davon speichern und alle anderen löschen.

Bitte beim Tippen so vorsichtig wie möglich vorgehen: Die Kameras lösen oft nicht so schnell aus, wie wir das gerne hätten. Tippen – auf das Auslösegeräusch achten - und auf den Bildschirm schauen, der wird beim Auslösen nämlich kurz schwarz (er „blinzelt"), und dann erst ist das Foto fertig! Bis dahin sollten Sie das Gerät möglichst ruhig halten. Mein Tipp: Halten Sie das Gerät mit beiden Händen, wenn Sie können, und drücken Sie vorsichtig ab. Viele Fotos werden unscharf / verschwommen / verwackelt, weil zu heftig abgedrückt wird und sich das Gerät beim Auslösen bewegt – dann kann das Bild nur schlecht werden.

TIPP: Halten Sie das Gerät beim Fotografieren, wenn es geht, mit zwei Händen.

Falls Sie ein Foto machen und das Gerät im Querformat halten, können Sie auch die Lauter/Leiser-Taste benutzen. Probieren Sie das mal aus – es kommt dem Gefühl nahe, mit einer echten Fotokamera zu fotografieren!

Blitz

Schon seit jeher ist der Blitz eine Hilfe beim Fotografieren, damit das Bild besser sichtbar (heller) wird und die Belichtungszeit damit kürzer werden kann (bedeutet weniger Bewegungen und Verwacklungen im Bild). Einen richtigen Blitz haben wir leider nicht beim Smartphone – die Taschenlampe ist ein kleiner Behelf. Erwarten Sie keine Wunder bei der Leistung einer so kleinen Lampe! Eines der Symbole auf dem Foto-Bildschirm sollte ein kleiner Blitz sein (wenn nicht, sollte sich diese Funktion zumindest im Einstellungen-Menü, aussehend wie ein kleines Zahnrad, zu finden sein). Tippen Sie darauf – dann können Sie zwischen folgenden Blitz-Einstellungen wählen: Blitz bei jedem Bild an („Blitz“), Blitz bei jedem Bild aus („Blitz durchgestrichen“), automatischer Blitz („Blitz mit einem großen A“, schaltet sich nur zu, wenn die

Lichtverhältnisse schlecht sind) und Blitz immer an (die Taschenlampe leuchtet auch vor dem Auslösen schon, etwa in der Nacht hilfreich, um das Motiv zu erfassen).
Bei Ihrem Gerät können Sie die gewünschte Funktion entweder auswählen (Achtung – das Menü schließt sich eventuell nach wenigen Sekunden wieder) oder sie schaltet sich im Rad immer wieder durch. Mein Tipp: Schalten Sie den Blitz entweder fix aus oder auf „Automatik". Behalten Sie diese Funktion im Hinterkopf, und Sie können in verschiedenen Situationen ohnehin oft mehrere Fotos machen, bis Sie das gewünschte Ergebnis erzielt haben. Sie haben schließlich keinen Fotofilm im Gerät mit einer begrenzten Anzahl von Bildern, oder?
Das ist ohnehin eines der großen Geheimnisse der digitalen Fotografie: Bei dem vorhandenen (meist recht großen) Speicherplatz können Sie immer so viele Fotos machen, wie Sie wollen, und die unerwünschten später einfach löschen!

Kamera-Wechsler

Ein Symbol, das bei allen Kamera-Apps verschiedener Geräte recht prominent sichtbar ist, ist der Kamera-Wechsler. Wir haben bei der Ansicht des Geräts festgestellt, dass alle modernen Geräte vorne (am Bildschirm) und hinten (auf der Rückseite) Kameras verbaut haben.
Vielfach ist es so, dass hinten schon mehrere Kameras vorhanden sind, um über einen größeren Zoombereich bessere Fotos zu liefern. Vorne gibt es nur eine Kamera,

die oft auch eine schlechtere Auflösung oder einen kleineren (= schlechteren) Sensor aufweist. Dieser qualitative Unterschied wird bei teureren Geräten aber heutzutage (2021) immer kleiner.
Warum, werden Sie fragen? Der Kamera-Wechsler wechselt das Aufnahmegerät von vorne nach hinten (und umgekehrt). Sich selbst zu fotografieren, ein „Selfie“ zu machen gehört schon seit vielen Jahren zu einer Grundfunktion beim Fotografieren. Vor allem bei jüngeren Menschen ist das sehr beliebt, und deshalb sollte die Qualität auch beim Selfie ansprechend sein. Wundern Sie sich nicht – bei älteren und / oder günstigeren Geräten ist die Qualität von Selfies mit Sicherheit geringer. Jüngere Menschen benutzen ihr Smartphone oft als Arbeitsgerät und verdienen schon manchmal (immer öfter) ihr Geld damit, sich auf sozialen Netzwerken darzustellen. Und dazu ist die Qualität der Medien (Fotos, Videos) wichtig – und diese Qualität bieten oft nur die besten und teuersten Geräte.
Ich lasse meine Kursteilnehmer auch immer Selfies von sich machen und frage danach in die Menge: „Und was halten wir von Selfies?“ Die Antwort darauf ist immer recht eindeutig: „Eher wenig!“. Das ist natürlich eine Fangfrage meinerseits: Ich halte sehr viel von Selfies. Warum? Weil man perfekt Fotos machen kann, auf denen man auch selber drauf ist. Das beste Beispiel: Sie sind mit dem Partner am Gipfel des Berges bei einer Wanderung angelangt, und niemand ist da, der ein Foto von Ihnen beiden macht. Machen Sie ein Selfie! Da können Sie beide auf dem Foto drauf sein, und das Gipfelkreuz im

Hintergrund noch dazu. Ich kann Ihnen auch empfehlen, einen Selfiestick zu besorgen (man ist ja öffentlich oft der Meinung, dass die Nutzung eines solchen vielleicht blöd ausschaut). Mein Modell hat einen Fernauslöser und kann sogar als Stativ verwenden werden (sollte um 20 Euro erhältlich sein). So mache ich immer die besten Gruppenfotos!

Wenn Sie sich selbst fotografieren, halten Sie das Gerät wenn möglich höher als auf Augenhöhe. Es ist erwiesen, dass Menschen von leicht oben fotografiert besser und attraktiver aussehen. Den gegenteiligen Effekt kennen Sie sicher: Wenn Sie das Smartphone vorne übergebeugt (beim Stehen oder Sitzen) in den Selfie-Modus schalten und sich selbst mit einem Doppelkinn erblicken. Ich erschrecke dabei immer!

Vergessen Sie auch nicht, in das kleine Loch der Kamera zu blicken statt auf den Bildschirm. Auf den Bildern merkt man hinterher, dass Sie nicht genau in die Kamera geschaut haben.

Einen Effekt möchte ich Ihnen noch erklären, der vielleicht dafür verantwortlich ist, dass Sie nicht gerne Selfies machen oder generell Fotos von sich sehen. Kennen Sie das: „Ich schau auf Fotos ja immer blöd aus!"? Das sagen viele Menschen von sich, obwohl andere denken: Der/die schaut doch eh ganz normal aus? Aber woran liegt das? Erwarten wir zu viel von uns selbst?

Wahrscheinlich ja – aber dem ganzen liegt ein einfacher Effekt zugrunde. Überlegen Sie mal: Woher wissen Sie, wie Sie selbst aussehen? Richtig – vom täglichen Blick in den Spiegel.

Das Spiegelbild zeigt uns aber nicht so, wie wir für andere oder auf Fotos aussehen – es ist schließlich unser Spiegelbild. Da unsere Gesichter nicht oder nur selten perfekt symmetrisch sind, gewöhnt sich unser Gehirn an das Spiegelbild als unser echtes Aussehen. Wenn wir uns jetzt auf einem Foto sehen, ist dieses Bild für unser Gehirn spiegelverkehrt (weil normal) und wir denken uns „da passt was nicht, mein Gesicht ist hier und dort etwas schief, das mag ich nicht".
Mein Tipp: Gewöhnen Sie sich an Ihr „echtes" Aussehen, dann können Sie eher erkennen, ob ein Bild jetzt tatsächlich nicht passt.

Zoomen

Bevor Sie ein Foto oder ein Video aufnehmen, können Sie mit der Zwei-Finger-Zoomgeste (siehe „Zoomen mit zwei Fingern") den Bildausschnitt anpassen. Ich würde Ihnen aber raten, mit dieser Funktion „sparsam" umzugehen. Die meisten Kameras auf Smartphones und Tablets sind nicht dafür ausgelegt, dass man den Zoom sehr ausgiebig nutzt. Oft besteht der Zoom, den wir dann sehen, nur aus einem Bildausschnitt, der aber durch reines Zuschneiden entstanden ist, und nicht durch Linseneffekte. Man nennt diese Techniken „optischer Zoom" (wenn die Linsen die Arbeit machen und den Ausschnitt vergrößern / verkleinern) oder „digitaler Zoom" (wenn das Gerät selbst das Bild einfach beschneidet, damit das Motiv größer aussieht). Im Ernstfall sollten Sie also den Bildausschnitt eher etwas größer wählen und nicht zoomen; dann können Sie später das Bild in Ruhe in der Galerie zuschneiden.

Einen Geheimtipp gebe ich Ihnen aber noch mit: Viele moderne Smartphones haben beim Einschalten der Kamera-App immer einen leichten Weitwinkel-Bereich eingestellt (das bedeutet, dass mehr am Bild zu sehen ist, links und rechts). So brauchen wir bei Aufnahmen nicht extra weiter nach hinten zu gehen, damit alles im Bildausschnitt sichtbar ist, was wir ablichten wollen.

Die Qualität der Linsen ist aber leider nicht mit der einer hochwertigen Spiegelreflexkamera (eine echte, große Kamera mit großem Objektiv) vergleichbar – so werden etwa Bestandteile nahe dem Bildrand etwas verzerrt und in die Mitte gezogen. Das fällt uns bei Landschaften oder sonstigen unbelebten Motiven eher weniger auf. Wenn Sie aber eine kleine Gruppe von Personen ablichten, werden Sie vielleicht merken, dass die Gesichter bei Personen am Rand deutlich verzerrt sind.

Mir persönlich gefällt dieser Effekt ganz und gar nicht – deshalb helfe ich mir dadurch, dass ich vor dem Auslösen noch ein bis zwei Schritte zurückgehe, und dann ganz leicht den Bildausschnitt zoome. So habe ich wieder das gleiche Motiv in den gleichen Größenverhältnissen wie zuvor, habe aber die Ränder des Bildes „abgeschnitten", dort wo sonst dieser Verzerrungseffekt wäre.

Sie sollten also durchaus abwägen zwischen „Man zoomt eigentlich nicht am Smartphone" und „Technische Unzulänglichkeiten ausgleichen".

Letzte Bilder ansehen

Wenn Sie sich den Bildschirm Ihrer Kamera-App ansehen, sehen Sie meist ganz unten (links oder rechts) ein kleines quadratisches oder rundes Bild, das so aussieht wie Ihr letztes Foto.

Tippen Sie drauf – und Sie landen direkt in Ihrer Galerie und können das letzte Foto begutachten. Mit der „Wischen“-Geste erreichen Sie auch die Fotos davor. So haben Sie nach dem Schießen eines Fotos sofort die Möglichkeit, Ihr Werk zu begutachten.

Sie können gleich alle unscharfen oder nicht gelungenen Fotos löschen (auf den Papierkorb tippen) und mit der Zoom-Geste (zwei Finger oder doppelt tippen für Autozoom) kontrollieren, ob z.B. alle Personen auf dem Gruppenfoto freundlich schauen und/oder die Augen geöffnet haben. Mit der Zurück-Taste kommen Sie dann wieder zurück in die Kamera-App und können weitere Fotos oder Videos machen!

Videos machen: Worauf muss ich achten?

Ein Bild sagt mehr als tausend Worte – wieviel sagt dann ein Video mit vielen Bildern und dazu noch Ton?

Videos haben die tolle Eigenschaft, sehr gut Situationen in ihrer Gesamtheit einzufangen und Erinnerungen lange wach halten zu können. Stellen Sie sich vor, Sie hätten heute noch Videos aus vergangenen Jahrzehnten zum Ansehen. Wäre das nicht toll? Darum sollten Sie jetzt anfangen, auch diese Funktion Ihres Smartphones zu nutzen – für später.

Um ein Video zu starten, müssen Sie nach einem roten Punkt Ausschau halten, der möglicherweise weiß umrandet ist. Ein roter Punkt bedeutet in der universellen, weltweiten Piktogramm-Sprache „Aufnahme starten“. Sie kennen bestimmt die Piktogramme, die uns im Zusammenhang mit Musik und Videos ständig unterkommen.

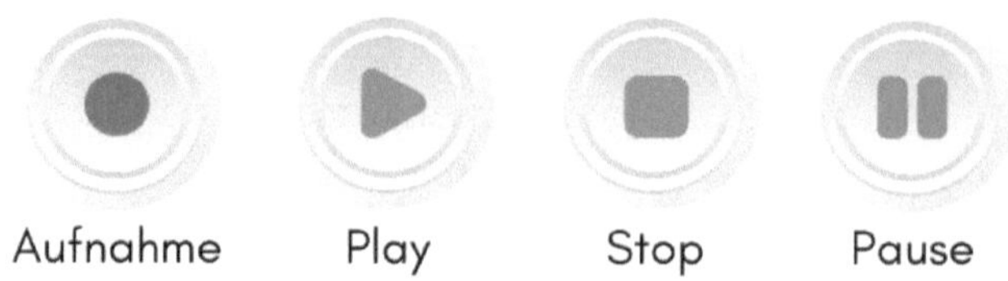

„Abspielen“ (engl. „Play“) wird mit einem dreieckigen Pfeil, der nach rechts zeigt, dargestellt. Damit starten Sie die Wiedergabe des Mediums (Audio oder Video) – wir können es anhören oder ansehen. „Pause“ besteht aus zwei vertikalen, parallelen Strichen und führt dazu, dass Sie das Medium genau an dieser Stelle pausieren. Mit „Play“ können Sie es sofort fortsetzen. Ein Quadrat steht für „Stop“, und bei erneutem Drücken von „Play“ würde das Medium wieder von vorne starten. Ein roter Punkt aber (und die Betonung liegt wirklich auf Rot, da die anderen Symbole oft nur schwarz oder in der sonstigen aktuellen Farbe dargestellt werden) startet eine Video- oder Audioaufnahme, das heißt, Sie erschaffen in diesem Moment ein abspielbares Medium.

Das Aufnahmesymbol (der rote Punkt) ist bei Ihnen entweder schon auf dem Kamera-Hauptbildschirm (wo Sie auch fotografieren) extra zu sehen, oder Sie haben einen der Reiter links oder rechts wie ganz oben beschrieben, der mit „Video“ beschriftet ist. Ganz wichtig: Starten Sie die Aufnahme, und achten Sie, dass auf dem Bildschirm eine Zeitanzeige erscheint (00:00). Diese zählt die Sekunden und Minuten mit und muss auf jeden Fall laufen (00:01, 00:02, und so weiter). Nur wenn diese Zeit läuft, nehmen Sie ein Video auf! Ich habe es selbst schon oft erlebt und bei anderen gesehen, dass man schlecht abdrückt (vielleicht zwei Mal hintereinander – und dann wurde das Video gestoppt), und kein Video entsteht.

TIPP: Starten Sie die Aufnahme, achten Sie, dass die Zeit läuft, und bitten Sie dann erst die Darsteller, mit ihrer „Vorführung“ zu beginnen.

So können Sie auf Nummer sicher gehen! Denken Sie nur mal daran: Das Kind führt einen Tanz, eine Vorführung oder ein sonstiges Kunststück auf, für das es keine Wiederholung gibt. Sie hätten es so gerne gefilmt, kommen aber erst nach dem Ende drauf, dass Sie gar kein Video gemacht haben – das wäre wahrhaftig traurig!

Die Galerie

Die Galerie, oft auch nur „Fotos“ genannt, ist die App, in der wir unsere Fotos und Videos ansehen, bearbeiten und organisieren können. Ganz unten oder ganz oben haben

Sie eventuell verschiedene Reiter, die bei der Suche helfen. Sie können sich einerseits alle Fotos anzeigen lassen („Fotos“-Reiter), oder sich Ihre Medien in Ordnern anzeigen lassen.
Die zwei wichtigsten davon sind der „Kamera“-Ordner (dort werden alle Fotos und Videos gespeichert, die Sie selber gemacht haben) und der „Alle Fotos“-Ordner (dort werden tatsächlich alle Medien chronologisch gezeigt, egal ob Sie sie selber gemacht haben oder zugeschickt bekommen haben).
Dazu gibt es häufig noch weitere Ordner: „Videos“ (damit Sie sich nicht durch alle Fotos wühlen müssen, wenn Sie nur nach einem Video suchen), „Favoriten“ (Bilder und Videos können mit einem Stern oder Herzchen markiert werden, damit sie leichter in diesem Ordner auffindbar sind), „Papierkorb“ bzw. „Zuletzt gelöschte Bilder“ und die Ordner von Apps, die auch Bilder speichern wie z.B. „WhatsApp Bilder“ und „WhatsApp Videos“.
Mit einem einfachen Tippen öffnen Sie einen Ordner, und dann sehen Sie die Bilder in der sogenannten Kachel-Ansicht. Wie Fliesen im Badezimmer sind die Medien angeordnet. Wenn Sie diese Fliesenansicht vergrößern oder verkleinern wollen, benutzen Sie einfach die Zoomen-Geste mit zwei Fingern. Wenn Sie dann noch auf ein Bild tippen, wird dieses alleine und formatfüllend dargestellt. Mit Wischen (links oder rechts) können Sie sich dabei zwischen den Bildern fortbewegen, und mit den bereits bekannten Zoom-Gesten (Zwei Finger oder Doppeltippen als Autozoom) die Bilder größer anschauen. Beachten Sie dabei, dass das Weiterwischen zum nächsten Bild oft nur

dann funktioniert, wenn das Bild formatfüllend angezeigt wird oder zumindest an dieser Kante ansteht, in dessen Richtung Sie weiterwischen wollen.
Mit einem Tipp in die Mitte des Bildes erscheinen bzw. verschwinden die Symbole oben und unten am Bildschirm, die Informationen bzw. Optionen darstellen (bei manchen Geräten verschwinden sie nach einigen Sekunden von selbst). Diese Informationen sind oft Datum, Uhrzeit und Ort; und die Optionen sind oft „Teilen“ (mit einer anderen App benutzen: Z.B. per Mail oder WhatsApp senden), „Löschen“, „Bearbeiten“ (Farben ändern, zuschneiden, drehen, beschriften, bemalen, ...) und „Als Favorit einstellen“. Diese Reihe von Optionen sieht von Gerät zu Gerät anders aus, aber diese Funktionen kommen sehr häufig vor.

Bilder löschen

Viele meiner Kunden löschen gerne Inhalte vom Smartphone. Dagegen ist grundsätzlich nichts einzuwenden – man sollte aber auch im Hinterkopf behalten, welche Inhalte es den Aufwand Wert sind, gelöscht zu werden. In einem späteren Kapitel gehe ich noch auf Datenmengen und Speicherplatz ein („Datenmengen: Was bedeutet GB?“). Deshalb finde ich, man sollte (oder muss) nicht alles löschen, was sich irgendwie am Smartphone ansammelt. Telefonlisten oder SMS-Nachrichten verbrauchen so wenig Speicherplatz, dass deren Löschung keinen nennenswerten Gewinn an Speicherplatz bringt.

Bei Fotos und Videos sieht die Sache anders aus. Neben dem Betriebssystem an sich und den installierten Apps (und diese brauchen Sie, damit das Handy überhaupt funktioniert), verbrauchen Fotos, Bilder und Videos den meisten Speicherplatz – und die Menge dieser können Sie selber regulieren!

Öffnen Sie die Galerie und einen beliebigen Ordner, und zeigen Sie ein Foto formatfüllend am Bildschirm an. Lassen Sie die Optionen durch einen einzelnen Tipp in die Mitte des Bildes anzeigen, und tippen Sie auf den Papierkorb bzw. auf „Löschen".

Sie werden dann wahrscheinlich noch gefragt, ob Sie das Bild wirklich löschen wollen (kontrollieren Sie das bitte genau), und bestätigen Sie dann.

Somit haben Sie das Bild gelöscht! Halt – vielleicht nicht ganz. Immer mehr Hersteller von Geräten bauen eine Schutzfunktion ein, damit Ihre gelöschten Bilder nicht unwiederbringlich verloren sind.

Sie haben eventuell einen Ordner in der Galerie, der „Papierkorb" oder „Zuletzt gelöschte Fotos" heißt. In diesem Ordner werden alle gelöschten Medien für einen festgelegten Zeitraum (meist ca. 30 Tage lang) gespeichert, und nach Ablauf dieser Zeit von dort aus automatisch gelöscht.

Das heißt, die „nur einmal" gelöschten Dateien verbrauchen noch 30 Tage lang Speicherplatz. Wenn Sie den Speicherplatz dringend brauchen, sollten Sie in diesen Ordner wechseln, um dort händisch die Medien vollständig zu löschen.

Sie können Fotos und Videos auch aus der Kachel-Ansicht löschen. Drücken Sie lange (nicht fest) auf ein Foto um es zu markieren. Es sollte dann „angehakt“ sein. Mit einem weiteren einfachen Tippen in die erscheinenden Kästchen können Sie weitere Elemente markieren, und dann auf „Löschen“ tippen – somit haben Sie all diese Elemente auf einmal gelöscht!

In meinen Kursen rate ich ohnehin zur „Foto-Hygiene“. Was meine ich damit? So viele Bereiche unseres Lebens hegen und pflegen wir – machen Sie das auch mit Ihrer Galerie. Aus technischer Sicht sparen Sie Speicherplatz, und das Handy bleibt leistungsfähiger. Speicherplatz wird oft im Hintergrund gebraucht (auch wenn es nur kurzfristig ist), z.B. wenn eine neue Version des Betriebssystems geladen wird, oder eine App installiert wird. Der Speicherplatz wird in diesem Moment beansprucht und dann wieder freigegeben. Wenn Sie nicht genug Speicherplatz frei haben (zu klein bemessen etwa bei älteren Geräten, oder belegt durch Apps, Fotos, Videos), kann das die reguläre Funktion Ihres Geräts erheblich beeinträchtigen. Ein Grund, sich ein neues Gerät anzuschaffen, ist (neben einem schwachen Akku), wenn der Speicherplatz zu gering geworden ist und dieser nicht durch eine Speicherkarte erweitert werden kann.

Mit „Speicher-Hygiene“ meine ich, dass Sie ab und zu (einmal im Monat?) die Galerie durchblättern und alle Fotos/Videos löschen, die Sie nicht mehr brauchen. Dazu gehören doppelte, unscharfe, sinnlose und ähnliche Medien. Sie werden sehen – nach dem „Aufräumen“ sehen Sie sich Ihre Galerie wieder umso lieber an!

Rund um die Kontakte

Das Anlegen von Kontakten erleichtert es uns enorm, andere Menschen zu erreichen. Wenn man an das Festnetztelefon von früher zurückdenkt, dann hatten wir in unmittelbarer Reichweite davon entweder ein echtes Telefonbuch oder zumindest ein Kontaktbuch, in dem wir unsere Telefonnummern notiert hatten.

Aber was erzähle ich Ihnen – die wichtigsten Kontakte hatten wir ohnehin im Kopf! Das war auch nicht so schwer, da wir uns im eigenen Vorwahl-Gebiet die Vorwahl nicht merken bzw. nicht wählen mussten. Oft bestand eine Telefonnummer dann nur aus vier oder fünf Zahlen – in Gegenden mit wenig Einwohnern gab es auch Nummern mit nur drei (!) Zahlen!

Heutige Mobilfunknummern bestehen (in Österreich) auf jeden Fall aus einer Null mit einer dreistelligen Vorwahl und einer Nummer aus mindestens sieben Ziffern. Dass wir seit fast zweieinhalb Jahrzehnten, seit wir Handys nutzen, unsere Kontakte immer speichern, kommt unserem Nummerngedächtnis natürlich nicht zugute. Seien Sie ehrlich! Wie viele Nummern kennen Sie noch auswendig? Ich kenne meine eigene Nummer, die meiner Frau und Kinder, und die von einer Handvoll Arbeitskollegen.

Nicht einmal meine Eltern könnte ich ohne Kontaktliste erreichen!

Traurig, aber wahr.

Speicherorte

Sie haben sicher den einen oder anderen Kontakt auf Ihrem Handy gespeichert. Das haben Sie entweder selbst gemacht, oder es hat Ihnen jemand dabei geholfen. Wenn Sie es nicht selber können – weiter unten („Einen neuen Kontakt speichern“) erkläre ich es Ihnen.

Kontakte können an verschiedenen Orten gespeichert werden. Sie werden sich vielleicht denken: Welche verschiedenen Orte? Ist doch alles am Handy gespeichert? Grundsätzlich ja – aber so einfach ist das nicht. Als Vergleich zu früher könnte man sagen: Sie könnten Ihre Kontakte im Kopf haben, im Kontaktnotizbuch im Schrank oder auf einer Liste im Schließfach einer Bank. Das sind doch auch verschiedene Orte, um sie aufzubewahren, oder?

Heutzutage (2021) ist bei den meisten Smartphones voreingestellt, dass ein neuer Kontakt auf dem Telefon selbst gespeichert wird. Smartphones haben genug Speicherplatz, und im Hinblick auf die sehr kleine Datenmenge eines Kontakts (ein paar Zahlen und ein paar Buchstaben, vielleicht ein niedrig aufgelöstes Bild) können Sie am Smartphone nahezu unendlich viele Kontakte speichern.

Das funktioniert super, bringt aber ein kleines Problem mit sich: Was ist, wenn Sie das Gerät verlieren (es fällt Ihnen ins Meer), oder es irreparabel beschädigt wird und Sie nicht mehr auf die Daten zugreifen können? Dann sind Ihre Kontakte leider verloren. Deshalb würde ich in diesen modernen Zeiten nicht dazu raten, Ihre Kontakte (nur) direkt auf dem Telefon zu speichern.

Wenn Sie schon länger zumindest ein Tastenhandy verwenden, wissen Sie, dass Ihnen die SIM-Karte ermöglicht, Anrufe zu tätigen. Eine praktische Nebenfunktion der SIM-Karte ist, dass sie auch Kontakte speichern kann. Hurra! Das machen wir schon seit über zwei Jahrzehnten so! Praktisch ist das – neues Handy besorgen, SIM-Karte umstecken, und alle Kontakte sind wieder da! Das stimmt so – wenn das alte Handy zerstört wurde, kann man eventuell die SIM-Karte retten. Aber unser Problem für ein verlorenes Handy löst es nicht.

Ich würde deshalb auch nicht raten, die Kontakte (nur) auf der SIM-Karte gespeichert zu haben. Zusätzlich ist die Anzahl der Kontakte (200 – 500) möglicherweise begrenzt. Sie kommen mit dieser Anzahl privat vielleicht aus – ich, mit meinen Kundenkontakten, brauche schon über 3.000 Kontaktspeicherplätze.

Und die Funktionalität bei SIM-Kontakten ist sehr begrenzt: Oft kann man nur eine einzige Nummer und den Namen mit einer Begrenzung an Zeichen (bis 20 Zeichen) speichern – ohne Bild, Geburtstag, Adresse, E-Mail-Adresse und so weiter. Diese Zusatzinformationen bieten nur das Telefon und die Cloud als Speicherort.

Falls Sie die Cloud nicht kennen – das Wort ist Englisch und bedeutet „Wolke“. Darunter kann man sich einen Computer „da oben“ vorstellen, also irgendwo weit weg im Internet. Tatsächlich ist der nicht „irgendwo“, sondern in einem Rechenzentrum, wo viele Computer und Speichermedien aufgestellt sind, und wo wir als Benutzer über das Internet Daten speichern können. Google und Apple stellen uns mit unserer Google- bzw. iCloud-

Anmeldung (die Sie mit 90-prozentiger Sicherheit eingestellt haben auf Ihrem Smartphone – wenn nicht, folgt eine Anleitung) kostenlos Speicherplatz zur Verfügung – unter anderem auch dafür, dass wir unsere Kontakte speichern. Diese werden dann „synchronisiert“ (etwa „überprüft und abgeglichen“, „auf gleichen Stand gebracht“), und zwar zwischen unserem Gerät und der Cloud. Das heißt, wenn ich auf meinem Gerät einen Kontakt hinzufüge, wird dieser automatisch weit weg auf einem Computer gespeichert. Zugang zu meiner Cloud habe nur ich mit meinen Zugangsdaten – da brauchen Sie keine Angst haben! Und auch wenn Sie einen Kontakt ändern oder löschen, wird die gleiche Aktion in der Cloud ausgeführt. Voraussetzung für diese Funktionalität ist natürlich, dass Sie mit dem Internet verbunden sind. Auch wenn Sie temporär nicht im Internet sind (z.B. beim Waldspaziergang), wird die Synchronisation dann automatisch durchgeführt, wenn Sie wieder eine Verbindung hergestellt haben.
In diesem Speicherort, in der Cloud, sollten Sie laut meiner Empfehlung Ihre Kontakte also speichern. Der Vorteil? Sie brauchen keine Angst mehr zu haben, die Kontakte zu verlieren, sollten Sie das Gerät verlieren oder zerstören. Wenn das passiert – besorgen Sie sich ein neues Gerät, geben Sie Ihre Google- bzw. iCloud-Zugangsdaten (E-Mailadresse und Passwort – dazu später mehr) ein, und alle Kontakte sind wie von Zauberhand wieder da!
Ein kleines Beispiel dazu gefällig? Kunden von mir, ein pensioniertes Pärchen, waren auf einer Fernreise, und der Mann hat das einzige Handy, das sie mithatten, in einem

Bus liegen gelassen. Bus weg, Handy weg, unwiederbringlich außer Reichweite. Sie besorgten sich ein billiges Handy aus einem Laden und die Frau hatte zum Glück einige Telefonnummern noch im Kopf – so konnten Sie die Liebsten zuhause wenigstens erreichen. Für mich wäre das weit weniger ein Problem gewesen: Ich hätte ebenfalls ein neues Gerät besorgt und meine Google- bzw. iCloud-Anmeldedaten eingegeben. Dann hätte ich alle meine Kontakte und Kommunikationsmethoden gehabt wie zuvor– einfach nur auf einem anderen Gerät.
Sicherheitshalber kann man auch mit Leichtigkeit das alte, verlorene Handy aus der Ferne sperren (wenn es eingeschaltet und im Internet ist). Sie sehen, so eine Situation sollte keine Bedrohung mehr darstellen in unserer modernen Zeit!

Wozu brauche ich ein Google- bzw. iCloud-Konto?

Da der Zeitpunkt jetzt günstig ist, wird an dieser Stelle die Einrichtung eines Google- bzw. iCloud-Kontos besprochen. Warum der Zeitpunkt jetzt günstig ist? Weil ab jetzt immer wieder Funktionen besprochen werden, welche ein solches Konto erfordern. Das kann auf den ersten Blick abschreckend wirken – ein Konto anlegen. Was bedeutet das eigentlich? Das Wort „Konto“ verbinden wir üblicherweise mit einer Bank und mit Geld. Das ist leider ein Missverständnis: Ein Konto bezeichnet in der Computer- und Internetsprache immer eine persönliche Anmeldung bei einem Dienst. Wozu wir diese brauchen?

Damit wir die Dienste so nutzen können, wie sie geschaffen wurden.
Die Anmeldung zu einem Konto besteht aus zwei Teilen: einem **Benutzernamen** und einem **Passwort**. Der Benutzername wiederum ist in den meisten Fällen eine E-Mailadresse. Das hat den einfachen Grund, dass wir so erstens für den Dienst erreichbar sind (wichtige Benachrichtigungen, Nachrichten, ...) und uns zweitens authentifizieren können. Nach einer Registrierung bei einem Dienst wird eine Testnachricht an die angegebene E-Mailadresse versendet, um zu überprüfen, ob tatsächlich ein Mensch (und zwar auch der richtige Mensch) diese Registrierung vorgenommen hat. Bei dieser Bestätigungs-E-Mail tippen Sie dann auf „Bestätigen“, und Sie haben das Konto fertig eingerichtet.
Sie sehen also, dass das alles seine Gründe hat. Ich habe zum Beispiel ein Facebook-Konto, ein WhatsApp-Konto, ein Google-Konto, ein iCloud-Konto, ein Instagram-Konto und noch viele mehr... das heißt einfach, dass ich dort angemeldet und registriert bin. Die allermeisten Dienste bieten die Anmeldung selbstverständlich kostenlos an, da sie möglichst viele Nutzer bei ihrem Dienst haben wollen.

Ein Passwort brauchen Sie auch noch. Was sollen Sie bloß als Passwort wählen? 1234, weil es so einfach zum Merken ist? Wohl kaum. Den Namen meines Ehepartners? Eher auch nicht. Im Folgenden gehe ich kurz darauf ein, wie ein gutes und sicheres Passwort aussieht.

Wie wähle ich ein sicheres Passwort?

In modernen Zeiten ist es fast schon Pflicht, ein sicheres Passwort zu wählen. Warum? Kann doch niemand draufkommen? Doch, leider schon. Hacker machen sich oft einen Spaß daraus, Passwörter scharenweise zu knacken und diese dann zu verkaufen oder für alle einsehbar ins Internet zu stellen. Dabei weiß ein Hacker doch nichts über Sie – wie soll er also das Passwort herausfinden? Da gibt es verschiedene Möglichkeiten – und eine davon ist die „Brute Force"-Methode (engl. etwa „Haudrauf"), die einfach alle erdenklichen Kombinationen an Passwörtern mit einem leistungsfähigen Computer durchprobiert, bis eines passt (11). Da werden zuerst natürlich Klassiker getestet: „1234", „12345", „hallo123", „passwort", „qwertzu" und noch viele mehr.
Auch Informationen im Internet über Sie, die Sie zum Beispiel auf Social Media oder ähnlichen Seiten bereitwillig preisgegeben haben, werden zuerst verwendet. Sie haben Bilder Ihres Haustieres im Internet mit dem dazugehörigen Namen? Und Ihr Passwort ist genau dieser Name? Bingo! War ja auch schwer zu erraten.

Ein sicheres Passwort schaut konsequenterweise so aus (12):

- Großbuchstaben und Kleinbuchstaben, möglichst zufällig gemischt, möglichst keine lexikarischen (echten) Wörter, sondern Kunstwörter, die es in keiner Sprache gibt.

- Zahlen einbauen an Stellen, die keinen Sinn machen, und die keine Muster ergeben. NEIN, nicht das Geburtsdatum, das Geburtsjahr oder die Hausnummer nehmen. Denken Sie sich eine Fantasiezahl aus!

- Sonderzeichen sind selten Teil einer sinnvollen Zeichenfolge, also passen sie besonders gut in ein Passwort: !§$%&?,.-_ und so weiter...

- Wechseln Sie ihr Passwort immer wieder mal. Alle drei Monate werden empfohlen – aber besonders dann, wenn in den Medien davon gesprochen wird, dass Passwörter eines Dienstes gestohlen wurden.

- Das wichtigste zum Schluss: Die Länge macht es aus! Je länger ein Passwort ist – egal wie gut die oberen Kriterien befolgt wurden – desto schwerer tut sich ein Computer statistisch, es rauszufinden. Empfohlen werden mindestens 8 Zeichen, besser sind 12 oder mehr.

Ein paar Tipps, um sich ein kompliziertes Passwort zu merken, habe ich noch für Sie:

- Erfinden Sie einen Satz, den Sie sich sehr gut merken können. „Mein Name ist Martin und ich wohne in der Schillerstraße 123 in Graz!“. Das ist wohl gut merkbar – und jetzt nehmen Sie einfach die Anfangsbuchstaben und fertig ist Ihr Passwort: „MNiMuiwidS123iG!“. Dieses Passwort hat 15 Zeichen - optimal!

- Man sollte für verschiedene Konten (Facebook, Google, ...) auch verschiedene Passwörter benutzen. Heißt das, Sie müssen für jedes Konto einen eigenen Satz erfinden? Möglich, wenn das jeweilige Konto den Unterschied im Passwort ausmacht. Sie könnten auch das kunstvolle Passwort von eben nehmen und voran die beiden ersten Buchstaben des Dienstes schreiben, wofür es genutzt wird, und dahinter die letzten beiden Buchstaben des Dienstes. Das wäre für Facebook dann: „FA***************OK“ (die Sterne sind Ihr Passwort). So schlagen Sie zwei Fliegen mit einer Klappe: Sie nutzen immer das gleiche Passwort, und auch wieder nicht.

- Es gibt auch eigene Apps (Passwort-Tresore, Passwort-Manager), die Passwörter verwalten, und diese Apps sind mit einem Master-Passwort geschützt. Sie brauchen sich dann nur dieses eine Passwort merken. Diese Apps funktionieren plattformübergreifend (Handy und Computer verschiedener Marken) und füllen dann automatisch die Passwörter bei einer Anmeldung ein. Außerdem generieren sie auf Wunsch sehr komplexe Passwörter, die schwer zu hacken sind und die Sie sich dann auch nicht merken brauchen (und auch nicht können).

Einrichtung eines Google- bzw. iCloud-Kontos

Warum schreibe ich immer „Google- bzw. iCloud-Konto“: Ein Google-Konto brauchen Sie bei Android-Handys, um alle Dienste nützen zu können, und ein iCloud-Konto brauchen Sie für iPhones und iPads (von Apple).

Wenn Sie nicht schon ein Google- bzw. iCloud-Konto eingerichtet haben, als Sie zum ersten Mal ein Smartphone bekommen haben, zeige ich Ihnen hier, wie man das macht.

Falls Sie sich nicht daran erinnern können: Es ist möglich, dass Ihnen jemand dabei geholfen hat. Das war die Person, die mit Ihnen das erste Mal ein Smartphone oder Tablet in Betrieb genommen hat. Höchstwahrscheinlich haben Sie dann die neue E-Mailadresse (das ist wie bereits gesagt gleichzeitig Ihr Benutzername) und das dazugehörige Passwort irgendwo niedergeschrieben – denn das sind wichtige Daten.

Heiße Tipps, wo man das hinschreibt: In das kleine Büchlein im Nachtkästchen, wo wichtige Dinge drinstehen. Auf den Stehkalender in der Küche oder im Wohnzimmer, wo wichtige Dinge draufstehen und den man dann Jahr für Jahr überträgt. Oder in Ihrer Dokumentenmappe. Gut passen würde auch die Schachtel, in der das Smartphone geliefert wurde auf einem Zettel. Viele Angestellte von Telekommunikationsgeschäften drucken eigene Zettel aus, wo die Anmeldedaten fein säuberlich aufgelistet sind. Wichtig ist jetzt für Sie: Sie sollten wissen, wo diese beiden Daten stehen – E-Mailadresse und das Passwort. Falls Sie

es jetzt nicht wissen, wo sie sich befinden – suchen Sie jetzt danach und lesen Sie erst dann weiter. Wenn Sie natürlich noch keine Anmeldung haben, brauchen Sie auch nicht danach suchen!
Das mit der E-Mailadresse und dem Passwort ist bei Google so eine Geschichte. Man braucht sie nur sehr selten, und zwar wenn Sie ein neues Gerät in Betrieb nehmen. Wenn man dann halt sein Gerät mehrere Jahre schon hat, kann man diese Daten sehr leicht vergessen. Bei Apple wird man bei verschiedenen Anwendungen immer wieder aufgefordert, das Passwort einzugeben (bei der Installation einer App etwa). So vergisst man es nicht so leicht, aber es kann nerven, dies immer wieder zu tun.

Egal ob Sie bereits ein Google- bzw. iCloud-Konto haben oder nicht, die nächsten Zeilen sollten für sie sehr hilfreich sein.

Die folgenden Menüpunkte sind immer zuerst für Google Android beschrieben, und dann erst für iPhones. Bitte entschuldigen Sie diese Reihung, aber sie geschieht absichtlich – der Großteil in der Zielgruppe nutzt Android-Handys. Wenn ich also keine doppelten Beschreibungen gebe, ist die Anwendung gleich oder ähnlich und bedarf keiner zusätzlichen Erklärung für iPhones.

Öffnen sie ihre Einstellungen-App und suchen sie in diesem Menü den Punkt „Nutzer & Konten“, „Konten“ oder „Cloud & Konten“. Beim iPhone sind die Konten ganz unten aufgelistet.

Neue Google-Anmeldung

Dort wird Ihnen angezeigt, welche verschiedenen Konten Sie bereits am Gerät angelegt haben und es würden etwa WhatsApp, Google, Facebook und ähnliche aufscheinen. Wenn Sie Google dort nicht finden, tippen Sie ganz unten auf „Konto hinzufügen" und anschließend auf „Google".

Wählen Sie „Konto erstellen" und folgen Sie den Anweisungen. Geben Sie Ihren Vor- und Nachnamen, Geschlecht und Geburtstag ein. Sie sollten dabei keine falschen Daten angeben – auch wenn man sich dann vielleicht sicherer fühlt. Falls Sie nämlich Ihre Anmeldedaten verlieren und Ihr Konto auf einem z.B. neuen Gerät nicht wiederherstellen können, kann Google durch die korrekte Eingabe Ihrer Nutzerdaten (eben Name, Geburtsdatum) überprüfen, ob Sie wirklich Sie sind – und Ihnen das Konto wieder freigeben. Wenn Sie dann die „falschen" Daten nicht wissen, da sie ja erfunden sind, wird es mit der Wiederherstellung schwierig.

Es werden Ihnen dann Vorschläge gezeigt, wie Ihre Mailadresse von Google aussehen kann. Wählen Sie einen Vorschlag oder geben Sie einen eigenen Wunsch ein. Wenn Sie einen häufigen Namen haben, kann es sein, dass eine von Ihnen gewünschte Mailadresse schon vergeben ist – ändern Sie den Vorschlag. Bewährt haben sich Kombinationen aus Vorname und Nachname, vielleicht mit einem Punkt dazwischen oder mit diversen Abkürzungen und Zusätzen an Ziffern, die Sie sich leicht merken (eher nicht Geburtstag oder -jahr). Schreiben Sie sich die gewählte und von Google akzeptierte Adresse jetzt

an einem der Orte auf, die ich vorher beschrieben habe (Dokumentenmappe, Handyschachtel, Tagebuch, ...).
Jetzt ist es an der Zeit, ein sicheres Passwort zu wählen. Gehen Sie dabei wie oben beschrieben vor. Notieren Sie sich auch dieses Passwort gut, sicher und wiederauffindbar neben der E-Mailadresse.
Akzeptieren Sie die Nutzungsbedingungen (sonst geht's nicht weiter) und bestätigen Sie die Google-Dienste. Herzlichen Glückwunsch: Sie haben jetzt ein Google-Konto!

iCloud-Anmeldung

Dieser Punkt ist gleich der erste in der Einstellungen-App. Wenn Sie bereits angemeldet sind, steht dort Ihr Name und Ihr Profilbild. Wenn nicht, steht dort „"Beim iPhone anmelden". Tippen Sie dort drauf.
Sie werden umgehend aufgefordert, sich mit Ihrer Apple-ID anzumelden (das ist die iCloud-Anmeldung). Geben Sie hier die passende E-Mailadresse und das dazugehörige Passwort ein oder erstellen Sie unten eine neue.

Neu erstellen:
Tragen Sie zunächst Vor- und Nachnamen und Ihr echtes Geburtsdatum ein (wichtig für eine eventuelle Wiederherstellung des Kontos). Geben Sie dann eine E-Mailadresse ein, die Sie schon benutzen, oder tippen Sie auf „Keine E-Mailadresse vorhanden". Dann haben Sie die Möglichkeit, von Apple eine iCloud-Adresse zugewiesen zu bekommen.

Tragen Sie in die Zeile ein, wie der Teil vor ....@icloud.com lauten soll (Vorname.Nachname oder ähnliche Kombinationen bieten sich an).
Bestätigen Sie die Adresse, und dann wird es Zeit, ein Passwort zu erstellen. Gehen Sie dabei auf die Kriterien ein, die weiter oben beschrieben wurden. Apple verlangt mindestens 8 Zeichen, mindestens einen Großbuchstaben und mindestens eine Zahl. Das Passwort muss zweimal korrekt eingegeben werden.
Zum Schluss müssen noch die allgemeinen Geschäftsbedingungen akzeptiert werden, und Sie haben es geschafft – herzlichen Glückwunsch zu Ihrer Apple-ID / iCloud-Anmeldung!

Verwalten von Kontakten

Das Verwalten von Kontakten ist leider nicht ganz trivial. Ich möchte gleich zu Beginn unbedingt darauf hinweisen, dass die Beschäftigung damit dazu führen kann, dass Sie Ihre Kontakte eventuell verlieren könnten. Deshalb mein Rat vorab: Schreiben Sie alle Kontakte aus dem Handy in ein Notizbuch oder ähnliches – so schützen Sie sich „altmodisch“ vor Datenverlust. Im schlimmsten Falle, falls Sie Ihre Kontakte nicht mehr finden (eher möglich) oder gelöscht haben (sollte eigentlich nicht passieren), können Sie sie mit Hilfe der handgeschriebenen Listen wiederherstellen.

Ihre Kontakte finden Sie auf Ihrem Smartphone in zwei Apps, die sehr ähnlich sind. Der erste Zugang findet, wie

schon im Kapitel „Telefonieren“, in der Telefon-App statt. Mein Tipp: Nutzen Sie IMMER die Telefon-App, um zu Ihren Kontakten zu gelangen – sie bietet einige Vorteile in der Handhabung von Kontakten gegenüber der zweiten Art, nämlich der Kontakte-App.
Die Kontakte-App sieht aus wie eine Büste, also ein Kopf und die dazugehörenden Schultern. Die Kontakte-App ist hauptsächlich zur Verwaltung von Kontakten gut – und diese müssen Sie öffnen, um die nächsten Schritte durchzuführen.

Ein weiterer Hinweis vorab: Die folgenden Einstellungen sind eher nicht für Anfänger gemacht und sollten von einem Profi durchgeführt werden (Angestellter im Fachhandel, Jugendliche, Technik-Begeisterte, ich).
Und wundern Sie sich nicht: oft kennen auch Profis die genauen Einstellungen nicht. Warum, werden Sie fragen? Geräte und Hersteller sind in diesem Bereich leider so unterschiedlich, dass es wirklich nicht einfach ist. Ich sehe diese Einstellungen in diesem Buch hier nicht als Anleitung, sondern eher als Beschreibung, damit Sie die Prinzipien verstehen. Nochmals: Fahren Sie hier nur fort, wenn Sie Ihre Kontakte handschriftlich gesichert haben! Auch wenn Sie nirgends auf „Löschen“ tippen, kann es trotzdem sein, dass Ihre Kontakte nicht mehr angezeigt werden, und das kann sehr unangenehm sein.
In weiterer Folge zeige ich Ihnen, wie man Kontakte von einem Speicherort zum anderen (in die Google-Cloud) kopiert, um sie schlussendlich an einem Ort (der Google-Cloud) zu sammeln.

Für Android-Geräte:
Wie bereits erwähnt, sind die Menüs und Untermenüs in der App „Kontakte“ bei verschiedenen Herstellern unterschiedlich benannt und aufgebaut. Ich werde versuchen, Ihnen das Prinzip der Einstellungsmöglichkeiten zu zeigen. Nachdem Sie „Kontakte“ geöffnet haben, suchen Sie nach dem „Drei-Punkte-Menü“ oder dem „Drei-Balken-Menü“. Wichtig für die Bedienung eines Smartphones: In diesen Menüs (drei Punkte oder drei horizontale Balken – bedeutet übrigens das gleiche) sind wichtige Einstellungen zu finden; so wie etwa „Einstellungen“, „Ansicht“, „Mein Konto“, „Spracheinstellungen“, „Datenschutz“, „Nutzungsbedingungen“ und ähnliche. Sie sehen – das sind durchaus wichtige Dinge, aber häufig daran herumzuspielen wird nicht nötig sein bzw. sollte man das auch nicht. Deshalb sind diese drei Punkte/Balken eher klein geraten und in der Ecke oder am Rand „versteckt“. Wenn Sie dieses Menü gefunden haben, tippen Sie drauf und es sollte eines der folgenden Untermenüs antippbar sein: „Verwalten von Kontakten“, „Einstellungen“ und/oder „Kontakte organisieren“. Ich denke, Sie verstehen das Prinzip. In diesen Untermenüs gibt es dann unter anderem folgende Punkte:

- Anzeigeeinstellungen: Hier kann ausgewählt werden, welche „Liste“ angezeigt werden soll. Das können sein: Alle Kontakte, nur meine auf Google gespeicherten Kontakte, nur meine Kontakte auf der SIM-Karte, nur meine Kontakte auf dem Telefon, und so weiter. Es empfiehlt sich, hier zur Sicherheit „Alle Kontakte“ zu wählen. Es kann dann zwar sein, dass ich manche Kontakte doppelt gespeichert habe, aber besser manche doppelt als manche gar nicht sichtbar!

- Kontakte kopieren: Manche Geräte bieten auch noch an, die Kontakte nicht zu verschieben (dann verschwinden Sie an einem Ort und tauchen am anderen auf), sondern zu kopieren (dann tauchen Sie an beiden Orten auf). Das ist immer die sicherste Variante, kann aber dazu führen, dass Sie in der Liste schließlich doppelte Kontakte haben.

- Doppelte Kontakte zusammenführen: Eine nette Option, doppelt gespeicherte Kontakte zu einem Kontakt zusammenzuführen. Ist unproblematisch, aber manchmal funktioniert die Funktion nicht ganz und es bleiben trotzdem doppelte Kontakte übrig.

- Kontakte verschieben: Manche Geräte bieten zusätzlich zu Importieren/Exportieren noch die Funktion „Verschieben“ an, um Kontakte an einem Ort verschwinden und am anderen auftauchen zu lassen.

- Standardspeicherort: Diese Funktion ist nicht bei allen Geräten ein fixer Menüpunkt. Wenn Sie ihn sehen – wählen Sie als Speicherort wie zuvor besprochen nicht „Telefon“ oder „SIM-Karte“ aus, sondern Ihr Google-Konto! Wenn Sie diesen Punkt nicht im Menü haben, können Sie Ihren Standardspeicherort folgendermaßen ändern: Fügen Sie einen neuen Kontakt hinzu (in der Telefon-App oder in der Kontakte-App, siehe „Einen neuen Kontakt speichern“). Da sollte ganz oben Ihr Standardspeicherort angezeigt werden (mit oder ohne Beschriftung „Speicherort“), mit einem kleinen Pfeil nach unten, der anzeigt, dass es noch andere Auswahlmöglichkeiten gibt. Wählen Sie hier Ihr Google-Konto aus, und speichern Sie einen Testkontakt (das kann eine beliebige Nummer und ein beliebiger Name sein, z.B. „Test“) ab. Das ist sehr wichtig, dass Sie ihn auch fertig abspeichern! Erst dann wurde der Standardspeicherort nachhaltig geändert und ist beim folgenden Kontakt ebenfalls wieder Ihr Google-Konto!

Wenn Sie (oder ein Fachmann) nach diesen Erläuterungen alle Kontakte in die Google-Cloud kopiert oder verschoben haben, können Sie bei den Anzeigeanstellungen Ihr Google-Konto wählen. Dann werden Ihnen keine doppelten Kontakte von anderen Speicherorten angezeigt („doppelte Kontakte zusammenführen“ schafft hier Abhilfe). Ab jetzt haben Ihre Kontakte den Sprung ins digitale Zeitalter geschafft – herzlichen Glückwunsch! Wenn Sie sich ein neues Gerät besorgen, brauchen Sie nur Ihre gewohnte Google-Anmeldung (E-Mail und Passwort) eingeben, und alle Kontakte erscheinen von selber. Wichtig ist jetzt nur noch, dass Sie in den Kontakt-Einstellungen ändern, dass neue Kontakte ebenfalls in der Google-Cloud gespeichert werden, und nicht, wie oft voreingestellt, am Telefon selbst. Nicht vergessen!

Für iPhones:
In diesem Punkt haben es iPhone-Nutzer wirklich leicht. Sie öffnen Ihre Einstellungen-App (das graue Zahnrad), tippen auf den ersten Punkt ganz oben „Apple-ID und iCloud“ (da sollte Ihr Profilbild und Ihr Name stehen), und weiters auf „iCloud“. Hier sehen Sie eine Auflistung, welche Daten in Ihrer iCloud gespeichert werden. Achten Sie einfach darauf, dass bei „Kontakte“ der Schalter auf Grün ist („aktiviert“), und Ihre Kontakte werden sicher in der iCloud gespeichert. Falls Sie ein neues iPhone haben, melden Sie sich hier mit Ihren Zugangsdaten an und aktivieren Sie den Schalter – und die Kontakte sind alle wieder da!

Einen neuen Kontakt speichern

Nachdem wir die eher schwierige Frage und Lösung des Speicherorts für Kontakte hinter uns gelassen haben, können wir uns wieder „normalen“ Anwendungsbeispielen widmen. Da wir im Leben ständig auf neue Leute stoßen (mehr oder weniger), mit denen wir in Kontakt bleiben wollen (mehr oder weniger), gehört es zu den absoluten Grundkenntnissen, dass man weiß, wie man einen neuen Kontakt abspeichert (mehr oder weniger).

Für diese Aufgabe gibt es wieder verschiedene Szenarien bzw. Herangehensweisen:

Nummer eingeben und speichern / Kontaktbild hinzufügen

Meiner Meinung nach ist diese Art des Einspeicherns die einfachste. Öffnen Sie Ihre Telefon-App (nicht die Kontakte-App!) und suchen Sie nach Ihrem Ziffernblock bzw. der Zahleneingabe, wie man sie von einem herkömmlichen Telefon mit echten Tasten kennt (Zahlen 0-9 und die Symbole # und *).

Dieses Tastenfeld haben Sie entweder als echten Reiter unten oder oben angezeigt, oder wird in Ihrer Anrufliste („Letzte Anrufe") als kleines Feld unten schwebend angezeigt. Geben Sie Ihre Nummer ein, und beginnen Sie immer mit 0043 oder +43 (die Ländervorwahl für Österreich) bzw. der Vorwahl des Landes dieser Rufnummer.

Warum ist das wichtig? Wenn Sie sich im Ausland in einem fremden Netz befinden, kann eine Nummer OHNE richtige Ländervorwahl zu einem Anschluss in diesem Land führen, in dem Sie gerade sind.

Ein Beispiel: Sie wollen die Nummer 0664 1111111 in Österreich (bzw. in Österreich registrierte Nummer – egal wo diese sich befindet) erreichen, während Sie in Italien auf Urlaub sind. Es kann aber sein, dass in Italien ein Anschluss unter der Nummer 0039 664 1111111 vorhanden ist, den Sie jetzt anrufen. Wenn Sie aber 0043 664 1111111 gespeichert haben, erreichen Sie tatsächlich die gewünschte österreichische Nummer.

Sie haben bestimmt bemerkt, dass nach der Ländervorwahl die gewohnte Null der Vorwahl dann nicht mehr benötigt wird – aus 0664 wird in weiterer Folge 664. Sobald Sie mit der Nummer fertig sind (gut kontrollieren), können Sie verschiedene Dinge mit dieser machen. Weiter unten können Sie mit dem grünen „Wählen“-Knopf diesen Kontakt anrufen. Weiters sehen Sie am Bildschirm oben oder unten ein „Plus“ oder ein sonstiges Feld mit der Beschriftung „Neuen Kontakt / neue Nummer hinzufügen“, um diesen wie gewünscht zu speichern. Entweder es steht als weitere Option „Vorhandenen ändern“ (oder ähnlich) um genau diese Nummer bei einem bestehenden Kontakt in Ihrer Liste einzufügen, oder dieses Feld erscheint erst, wenn Sie auf „Neuen Kontakt hinzufügen“ tippen.

Dann könnten Sie gefragt werden im Sinne von „Neuen Kontakt erstellen“ oder eben „Vorhandenen Kontakt ändern“.

Wählen Sie den passenden Knopf aus. Es wird Ihnen dann die Maske zur Eingabe der Kontaktdetails angezeigt. In dieser Maske können Sie Ihren Kontakt nach Belieben mehr oder weniger genau mit Daten beschreiben: den Namen sollten Sie auf jeden Fall eingeben. Oft steht dafür ein Feld mit Vornamen UND Nachnamen zur Verfügung. Sie können jedes der beiden Felder einzeln richtig füllen (in das Feld tippen, damit der Cursor dort blinkt, die Tastatur erscheint und Sie dort schreiben können), oder einfach Vor- und Nachnamen in nur eines der beiden Felder schreiben.

Das letztere mache ich auch manchmal, es erleichtert die Arbeit, da man nicht zweimal in die Felder tippen muss. Weiters können Sie hinzufügen: Organisation, Firma, Titel, weitere verschiedene Telefonnummern (Arbeit, Mobil, Privat, ... ist auswählbar), E-Mail-Adressen, Adresse, Geburtsdatum, Webseite und vieles mehr.

Ganz oben in dieser Maske haben Sie die Möglichkeit, ein Kontaktfoto hinzuzufügen. Tippen Sie auf das runde Bild (eine Kamera ist darin eventuell abgebildet), und Sie werden gefragt, ob Sie jetzt ein „Foto machen" wollen (wenn Sie kein schönes Foto von der Person gespeichert haben oder diese gerade anwesend ist), oder eines „aus der Galerie" wählen wollen (wenn Sie von der Person schon ein schönes Foto haben bzw. diese jetzt nicht anwesend ist).

Das Bild muss dann in weiterer Folge zugeschnitten (mit den dicken Ecken und Kanten oder durch die Zwei-Finger-Zoomgeste) und bestätigt werden.

Haben Sie alle Informationen zu Ihrer Zufriedenheit eingegeben, suchen Sie den Knopf zum Speichern. Dieser heißt „Speichern", „Fertig" oder ist nur ein Häkchen und befindet sich meistens rechts oben oder weiter unten am Bildschirm. Wenn Sie diesen Knopf nicht finden und aus Ratlosigkeit einfach die Zurück-Taste tippen, kommt glücklicherweise ein Dialogfeld, bei dem Sie aufgefordert werden, den Kontakt zu speichern (ja, bitte machen Sie das!) oder zu verwerfen (dann wird er nicht gespeichert und die Arbeit ist umsonst).

Eine unbekannte Nummer aus der Anrufliste speichern:

Eine neue Nummer eingeben und speichern machen Sie dann, wenn Sie eine Nummer benutzen, die Sie zuvor noch nicht benutzt haben – z.B., wenn Sie jemand Fremdes erreichen wollen. Der gegensätzliche Anwendungsfall wäre, wenn Sie schon jemand Fremdes erreicht hat, die Nummer nun in Ihrer Anrufliste aufscheint, und Sie diese speichern wollen, weil Sie Ihnen wichtig genug ist.

Öffnen Sie wieder Ihre Telefon-App (nicht die Kontakte-App!) und gehen Sie in den Reiter „Letzte (Anrufe)" bzw. „Anrufliste". Wischen Sie nach oben bzw. nach unten, bis Sie die unbekannte Nummer vor sich haben. Je nach Gerät haben Sie nun verschiedene Möglichkeiten. Wenn Sie ein „i" für Information neben der Nummer sehen, tippen Sie darauf.

Eventuell können Sie auch auf das runde Symbol links neben der Nummer tippen, oder Sie tippen einfach mitten auf die Nummer, wo dort wieder ein „i" als Auswahl erscheint für Information bzw. Details.

Wohin will ich Sie führen? Entweder es erscheint neben oder unter dem Kontakt die Auswahl „Neuen Kontakt speichern" (eventuell ein Plus-Zeichen), oder die Nummer wird als Einzelseite dargestellt. Zumindest auf dieser Seite sollte „Neuen Kontakt speichern" (das Plus-Zeichen) sichtbar sein. Das Prinzip dahinter sollten Sie verstehen: Das Smartphone weiß, dass für uns Anwender ein gespeicherter Kontakt sehr wichtig ist. Deshalb ist die Funktion „Neuen Kontakt speichern" wortwörtlich nicht weit entfernt – tippen Sie auf den Kontakt (in der Mitte, auf

das „i“ daneben für Informationen bzw. Details), und Sie werden sehr bald mit der Speichern-Funktion konfrontiert werden – das garantiere ich Ihnen! Auch wenn die Herangehensweise bei unterschiedlichen Geräten und Herstellern anders aussehen mag – die Funktionalität ist immer sehr ähnlich!
Wie schon zuvor geben Sie dann Ihre gewünschten Informationen in der Kontakt-Maske ein und tippen auf „Speichern“, „Fertig“ bzw. das Häkchen rechts oben.

Kontakt bearbeiten: Weitere Information hinzufügen

Wie schon zuvor beschrieben, müssen Sie einen Kontakt einzeln anzeigen, sodass er den ganzen Bildschirm ausfüllt.
Öffnen Sie dazu Ihre Telefon-App und gehen auf den Kontakte-Reiter, oder öffnen Sie Ihre Kontakte-App (ja, diesmal habe ich nichts dagegen!). Suchen Sie Ihren gewünschten Kontakt mit Wischen, dem Alphabet auf der Seite oder der Suchfunktion wie schon weiter vorne beschrieben. Der einzelne Kontakt wird dann angezeigt, wenn Sie in die Mitte auf den Namen tippen. Eventuell erscheint ein Zwischenmenü, wo Sie auf das „i“ für Informationen bzw. Details tippen müssen. Sie sehen dann den Namen des Kontakts, das eingestellte Kontaktbild, weitere gespeicherte Informationen und vielleicht auch das genaue Anrufprotokoll mit diesem Kontakt (wer hat wen angerufen, und wie lange haben die Gespräche gedauert?). Falls dieses Anrufprotokoll nicht aufscheint, könnte noch ein Reiter mit „Details“ zu sehen sein.

Auf jeden Fall sehen Sie auf dem Kontaktbildschirm oben oder unten das Wort „Bearbeiten“ bzw. einen schräg gestellten Stift oder eine Kombination von beiden.
Tippen Sie dort darauf, und die Kontakt-Maske öffnet sich wie gewohnt, und Sie können Ihre Details eintragen bzw. auch ändern. Sie brauchen nur jeweils in die gewünschte Zeile tippen, mit der Backspace-Taste eventuell vorhandene Informationen löschen und neu eintragen. Achten Sie ganz unten auf die eventuell vorhandene Auswahl „Weitere Anzeigen“ oder „Weitere Felder hinzufügen“ für Details, die noch nicht angezeigt werden (Geburtstag und ähnliche). Wenn Sie fertig sind – auf „Speichern“, „Fertig“ bzw. das Häkchen rechts oben tippen.

Kontakt löschen

Es kommt immer wieder vor, dass Sie einen Kontakt nicht mehr angezeigt haben möchten – dass Sie ihn löschen wollen.
Das kann verschiedene Gründe haben: Die Person ist nicht mehr Ihr Freund (was ich nicht hoffe), der Anschluss existiert nicht mehr (Festnetznummern zum Beispiel) oder die Person ist verstorben oder hat wegen Krankheit keine eigene Nummer mehr (das hoffe ich auch nicht – kommt aber leider vor).
Wenn Sie sich bereits wie im letzten Punkt beschrieben den Kontakt als Vollbild angezeigt haben, sehen Sie oben oder unten wieder das Drei-Punkte-Menü. Sie erinnern sich: Dort sind wichtige und eher schwerwiegende

Funktionen versteckt. Tippen Sie auf die drei Punkte, und einer der Punkte sollte „Kontakt löschen“ oder nur „Löschen“ heißen. Tippen Sie drauf – und wenn Sie dann auch noch die Sicherheitsfrage „Wollen Sie den Kontakt löschen?“ dementsprechend beantworten, haben Sie den Kontakt erfolgreich gelöscht. Ich möchte an dieser Stelle nochmals anmerken: Wenn Sie Ihre Kontakte in der Google-Cloud gespeichert haben, wird der soeben gelöschte Kontakt auch dort entfernt.

Die Schnellsteuerung

Was ist die Schnellsteuerung und wie komme ich dorthin?

Die Schnellsteuerung gibt uns schnellen Zugriff auf einige wichtige Einstellungen. Im Gegensatz zur Schnellsteuerung finden Sie Ihre Einstellungen, die das gesamte Smartphone und dessen Betrieb und Nutzung betreffen (eher nicht die Nutzung einzelner Apps), normalerweise in der „Einstellungen“-App.

Diese befindet sich bei Ihnen auf dem Startbildschirm bzw. in der App-Schublade. Die Menüs und Untermenüs können einen verwirren oder bedrohlich wirken – das verstehe ich.

Die Schnellsteuerung ist im Gegensatz dazu sehr einfach aufgebaut und sollte von jedem Smartphone-Nutzer verstanden und auch benutzt werden.

Bei Android-Geräten gelangen Sie zur Schnellsteuerung (und zwar ausnahmslos – zur Abwechslung unterscheiden sich hier die Geräte nicht), wenn Sie mit einem Finger von

oben nach unten wischen. Dabei ist es wichtig, dass Sie so weit oben zu wischen beginnen, wo der Bildschirm schon aus ist – Sie müssen von oben außerhalb des Bildschirms in den Bildschirm herunterwischen. Dabei erscheint beim ersten Wischen dann zumindest eine Zeile der Schnellsteuerung (auch wenn es mehr davon gibt) und darunter die vorhandenen Benachrichtigungen (mehr dazu im Kapitel „Benachrichtigungen“). Mit einem zweiten Wischen nach unten werden dann alle Zeilen der Schnellsteuerung angezeigt. Falls Sie ein älteres Gerät haben, kann es sein, dass nicht mehrere Zeilen der Schnellsteuerung angezeigt werden, sondern dass sich die weiteren Symbole mit links und rechts wischen anzeigen lassen.
Beim iPhone haben Sie je nach Geräte-Art unterschiedlich die Möglichkeit, zum Kontrollzentrum (so wird dort die Schnellsteuerung genannt) zu gelangen. Bei Geräten mit einer Home-Taste wischen Sie von unten nach oben, und dabei beginnen Sie am besten wieder unterhalb (außerhalb) des Bildschirms. Und bei neueren Geräten ohne Home-Taste (mit Gestensteuerung) wischen Sie rechts oben beim Akku-Symbol herunter.

Die wichtigsten Elemente der Schnellsteuerung

Wundern Sie sich nicht – die Schnellsteuerung sieht bei jedem Gerät und Hersteller UND Nutzer möglicherweise unterschiedlich aus, es sind unterschiedliche Symbole zu sehen. Das mag auf den ersten Blick beunruhigend scheinen, aber keine Angst, die wichtigsten Symbole haben Sie alle dort. Auch wenn die Anordnung nicht gleich ist!

Sie haben auf jeden Fall auch die Möglichkeit, auf Android-Geräten Ihre Symbole neu anzuordnen oder welche hinzuzufügen und wegzulassen. Dazu nutzen Sie bitte bei geöffneter Schnellsteuerung den schräggestellten Stift (steht für „Bearbeiten") oder das Drei-Punkte-Menü und den Punkt „Schaltflächenanordnung". Durch einfaches Drücken und Ziehen können Sie die Schaltflächen anordnen und vom inaktiven Bereich (diese werden nicht angezeigt) in den aktiven Bereich (diese werden angezeigt) verschieben.

Bei iPhones können Sie die untersten Symbole anpassen. Die Möglichkeit dazu finden Sie in Einstellungen → Kontrollzentrum. Wählen Sie dort einfach die Elemente mit „+" oder „-" aus, welche erscheinen sollen und welche nicht.

Ich stelle Ihnen hier die wichtigsten Schaltflächen und Symbole vor, die auf allen Geräten vorkommen und die für eine geregelte Nutzung eines Smartphones oder Tablets wichtig sind. Aktiv ist ein Punkt jeweils, wenn er farbig leuchtet und gut sichtbar ist, im Gegensatz zu nicht farbig (grau) und schlecht sichtbar.

Internetzugang

Es wird in der Schnellsteuerung auf jeden Fall angezeigt, wie es um Ihren Internetzugang bestellt ist, da eine Internetverbindung sehr wichtig für ein vollständig funktionables Smartphone ist.

Es gibt zwei Arten von Internetverbindungen: Ortsunabhängig über die „Mobile Datenverbindung“ und ortsgebunden über ein WLAN. Das Internet mit allem Drum und Dran wird weiter im Kapitel „Der Zugang ins Internet“ beschrieben.

Das Zeichen für die mobilen Daten ist schon länger standardmäßig ein Pfeil nach oben / Pfeil nach unten – Symbol. Dieses Symbol soll eingehende Daten (Download) und ausgehende Daten (Upload) beschreiben.

Bei manchen älteren Geräten kommt dieses Symbol nicht vor, da steht neben dem Dreieck für den Netzempfang (oder aufsteigende Balken) das Kürzel für die Technologie der mobilen Datenverbindung (3G, 4G, H+ und ähnliche).

Das Symbol für WLAN ist eine Art Pizza- oder Tortenstück mit einem Punkt, von dem aus „Wellen“ von unten nach oben ausgesandt werden. Wenn Sie mit einem WLAN zumindest verbunden sind (das heißt noch nicht, dass Sie richtig angemeldet sind und das Internet nutzen können), dann erscheint der Name des Netzwerks unter dem Symbol. Zusätzlich (und praktischerweise) erscheint bei einem verbundenen WLAN das Symbol auch ganz oben in der Statusleiste – und nur dann! Wenn Sie nicht mit einem WLAN verbunden sind, sehen Sie das Symbol in der Statusleiste auch nicht.

So können Sie in der Schnellsteuerung sehr schnell überprüfen, ob Ihre Internetverbindungen überhaupt eingeschaltet sind, z.B. wenn momentan Ihr Internet schlecht oder gar nicht funktioniert.

Flugmodus

Der Flugmodus ist eine sehr wichtige Einstellung – einerseits, weil sie sehr mächtig ist, und andererseits, weil Sie erkennen sollten, wenn er eingeschaltet ist.

Was macht der Flugmodus (auch Flugzeugmodus, Offline-Modus genannt)? Er kappt alle bestehenden Funkverbindungen, damit das Handy keine Signale sendet oder empfängt.

Wieso ist das aber wichtig, werden Sie fragen? Dem Namen nach wurde der Flugmodus eingeführt, weil seit der breiten Nutzung von Handys Menschen ins Flugzeug einstiegen und dort munter weitertelefonierten. Da ein Handy während des Betriebs (auch ohne zu telefonieren) ständig Signale sendet und empfängt, wurde gefürchtet, dass dadurch die Kommunikation und Flugfähigkeit des Flugzeuges beeinträchtigt werden könnte.

Ein Auto, das zu funktionieren aufhört, bleibt eventuell einfach stehen (eine Panne). Ein Flugzeug aber, das mitten im Flug zu funktionieren aufhört, stürzt wahrscheinlich ab – kein besonders netter Gedanke.

Deshalb wurde dieser Knopf eingeführt, damit Sie das Handy nicht ausschalten müssen und so ohne jegliche Verbindungen weiter nutzen können (Musik hören,

Fotos/Videos machen und anschauen, Taschenlampe, Taschenrechner, Spiele spielen, E-Books lesen, ...).
Heute, im Jahre 2021, werden Sie zumindest bei Start und Landung angewiesen, alle mobilen Geräte mit Funkverbindungen (Laptop, Tablet, Handy) auszuschalten oder in den Flugmodus zu schalten. In der Luft ist die Nutzung dann wieder vielfach erlaubt, weil erwiesenermaßen keine Störung der Flugzeugtechnik auftreten kann.
Wenn wir aber nicht im Flugzeug reisen: Wozu brauchen wir dann den Flugmodus? Ganz einfach: Um uns vor ungewollten Verbindungen zu schützen. Nicht also, um andere (bzw. das Flugzeug) zu schützen, sondern unsere Geldbörse. Dazu zählt eher nicht, wenn ich nicht gestört werden will (Kirche, Begräbnis, Veranstaltung) – das höre ich immer wieder von Kursteilnehmern. Dann schalte ich auf lautlos bzw. „Nicht stören“, oder auf Vibration ohne Ton.
Auf jeden Fall zählt dazu klassisch der Aufenthalt im Ausland: Wenn Sie sich nicht sicher sind, wieviel es Sie kostet zu telefonieren oder nur angerufen zu werden, schalten Sie in den Flugmodus.
Dasselbe gilt für die mobile Datenverbindung: Da ständig Daten hoch- und runtergeladen werden (das geschieht im Hintergrund und wir können nichts dagegen tun), sollten Sie im Ausland wissen, wieviel Sie selbst für kleinste Datenmengen bezahlen müssen, wenn die kostenlose Nutzung nicht in Ihrem Vertrag inkludiert ist. Glücklicherweise haben die meisten Verträge bei größeren Mobilfunkbetreibern (in Österreich im Jahr 2021 sind das

A1, Magenta und Drei) die gesetzliche Möglichkeit, im europäischen Ausland (gilt in allen EU-Mitgliedstaaten sowie in Island, Liechtenstein und Norwegen), den Tarif wie im Heimatland zu nutzen („Roam like at home"). Billiganbieter bieten diese Möglichkeit oft nicht an, weshalb auch dann eine mobile Internetnutzung nicht möglich ist.

TIPP: Prüfen Sie vor einer Auslandsreise Ihren Vertrag bzw. fragen Sie Ihren Mobilfunkbetreuer, wie dieser die Nutzung von Telefonie und Internet im Ausland regelt!

Ein Beispiel gefällig? Eine Bekannte war auf Kreuzfahrt im indischen Ozean (Mauritius, Madagaskar, Seychellen) und hatte ihr Handy ständig eingeschaltet (aus beruflichen Gründen). Sie war sich dessen bewusst, dass es was kostet, wenn sie telefoniert oder das Internet nützt. Deshalb hat sie das auch nicht gemacht – nur einen Anruf in den drei Wochen hat sie getätigt.
Was sie nicht wusste: Mailprogramme und ähnliche und das Betriebssystem selbst schicken mehrmals täglich kleine Datenpakete, um aktuell zu bleiben. Diese Datenpakete kosten in fremden Netzen – z.B. in Asien bzw. auf Inseln und in den Mobilfunknetzen auf Kreuzfahrtschiffen (!) teilweise extrem viel (1x 300kb für 5 Euro – das entspricht der Datenmenge eines kleinen, unscharfen Bildes auf WhatsApp)! Auf Réunion (eine Insel in dieser Gegend), das zu Frankreich und somit zur EU

gehört, hat sie für die Datenpakete gar nichts bezahlt – weil ihr Tarif das ermöglichte!
Insgesamt belief sich die Rechnung – halten Sie sich fest – auf über Euro 4.000, - für die drei Wochen, in denen Sie auf Kreuzfahrt war! Glücklicherweise konnte die Summe kulanterweise auf Euro 1.000, - gesenkt werden – ist aber immer noch viel Geld für eine Quasi-Nichtnutzung.
Und im Zweifel: Schalten Sie den Flugmodus ein! Sie können dann wie bereits beschrieben alle Funktionen nutzen, die keine Funkverbindung benötigen (Musik hören, Fotos/Videos machen und anschauen, Taschenlampe, Taschenrechner, Spiele spielen, E-Books lesen, ...).
Zusätzlich zum Flugmodus können Sie sich mit einem WLAN (z.B. im Hotel) verbinden – diese Verbindung zum Internet ist für uns Endnutzer und das Gerät immer kostenlos!

Bluetooth

Bluetooth (benannt nach König Harald Blauzahn, der im Jahre 958 verfeindete Teile von Norwegen und Dänemark vereinte) ist eine Technologie, die Geräte kabellos miteinander verbindet und kommunizieren lässt (13). Die wichtigsten Anwendungen von Bluetooth sind: Freisprechanlagen von Handy zu Auto bzw. von Handy zu kabellosen Kopfhörern, Steuerung von Spielekonsolen ohne Kabel und Hörgeräte zum Fernseher oder Handy/Tablet.

Um die Verbindung nutzen zu können, müssen beide Geräte und die Bluetooth-Funktion jeweils eingeschaltet und miteinander verbunden sein. Das muss man einmal durchführen, und dann merken sich die Geräte die Verbindung.

Wenn Sie z.B. Ihr Auto mit dem Handy erst einmal verbunden haben, brauchen Sie nur einsteigen und das Auto starten, dann verbindet sich das Handy mit dem Auto automatisch (Bluetooth am Handy muss eingeschaltet sein – deshalb sollten Sie auch nie mehr die Bluetooth-Funktion ausschalten, sobald Sie verbundene Geräte haben, damit Sie nicht vergessen, sie einzuschalten. Keine Sorge – wenn Sie keine verbundenen Geräte in der Nähe haben, verbraucht die eingeschaltete Bluetooth-Funktion nur sehr wenig Strom).

Wie verbindet man Geräte miteinander? Das ist immer in der Bedienungsanleitung des Gerätes beschrieben, da gibt es meistens einen Knopf, den man lange drücken muss, bis das Gerät spricht und sagt „Verbindung herstellen", „Kopplung herstellen", oder ähnliches. Am Smartphone gehen Sie dann in Ihr Bluetooth-Menü.

Das finden Sie entweder in der Schnellsteuerung oder in der Einstellungen-App. In der Schnellsteuerung drücken Sie einfach lange auf das Bluetooth-Symbol, somit gelangen Sie in das dazugehörige Menü (das muss man beim iPhone 2x machen).

Oder Sie öffnen die Einstellungen-App (das Zahnrad am Startbildschirm oder in Ihrer App-Schublade), und suchen das Bluetooth-Untermenü. Das ist entweder als einer der ersten Punkte direkt sichtbar, oder Sie müssen das

„Verbindungen“-Untermenü öffnen (denn Bluetooth ist schließlich eine Verbindung).
Tippen Sie auf jeden Fall auf den Punkt „Bluetooth“ und schalten Sie die Funktion ein (den Schalter auf farbig schalten – nicht grau oder weiß). Dann sucht das Gerät automatisch nach anderen Bluetooth-fähigen Geräten in der Nähe. Sobald Sie das richtige gefunden haben, tippen Sie drauf. Wenn ihr anderes Gerät auch einen Bildschirm hat, bestätigen Sie dort ebenfalls. Falls sich die Geräte nicht finden, schalten Sie Bluetooth noch einmal aus und ein, das lässt die Suche nochmals starten und führt häufig zum Erfolg.
Wenn Sie dann nach einen PIN-Code gefragt werden, überprüfen Sie ihn und bestätigen Sie diesen auf beiden Geräten. Eventuell werden Sie noch gefragt, ob Kontakte bzw. Nachrichten synchronisiert und angezeigt werden sollen. Tippen Sie hier auf „Ja“, vor allem die Kontakte sind bei der Verbindung mit dem Auto zum Beispiel sehr praktisch für die Telefon-Funktion.
Herzlichen Glückwunsch – die Geräte haben sich gekoppelt und werden das auch in Zukunft tun, sofern bei beiden Geräten Bluetooth eingeschaltet ist!

Töne

In einem früheren Kapitel habe ich Ihnen gezeigt, wie man mit den Lautstärketasten auf „Lautlos“ stellt. Diese Tasten stehen bei einem aufgeweckten Handy oder Tablet immer zur Verfügung und Sie sollten nie vergessen, dass Sie sie haben.

Ich finde es aber eleganter, wenn man über die Schnellsteuerung lautlos stellt. Ziehen Sie einmal oder zweimal von oben nach unten wie beschrieben, bis Sie die Schaltfläche „Töne“ sehen.
Die sieht oft aus wie eine Glocke oder ein Megaphon. Wenn dieses Symbol normal aussieht (nicht durchgestrichen oder vibrierend), dann sind alle Töne angeschaltet. Tippen Sie einmal drauf – dann haben Sie auf „Vibrieren“ geschaltet. Sie hören dann keine Töne bei Anrufen oder Benachrichtigungen, sondern spüren nur ein Vibrieren. Das ist hilfreich in Situationen, in denen Sie niemanden stören wollen in Ihrer Umgebung, aber keine Anrufe oder Nachrichten versäumen dürfen. Tippen Sie nochmals auf die Schaltfläche, und sie wird farblos (also ausgeschaltet) oder durchgestrichen. Das bedeutet, sie empfangen weder Töne noch Vibration – das Handy ist komplett lautlos und wird Sie nicht stören. Diese Funktion ist zu empfehlen bei Veranstaltungen, Kirchen- und Museumsbesuchen oder z.B. bei Begräbnissen. Tippen Sie erneut auf das Symbol – und die Töne sind wieder eingeschaltet. Mit jedem Tippen kommen Sie in diesem Rad einen Schritt weiter!

Helligkeit

Die Helligkeit Ihres Bildschirms wird in den meisten Fällen auf „Automatisch“ eingestellt sein. Das kann mit einem kleinen Haken angedeutet sein. Das heißt, wenn Sie draußen in der Sonne sind, wird der Bildschirm mit voller Kraft strahlen, damit Sie etwas sehen können. Umgekehrt braucht man in einem dunklen Raum kaum die

Strahlkraft des Bildschirms, was dann auch die Akkulaufzeit verlängern kann. Den Regler für die Helligkeit (ein horizontaler Strich, eventuell mit einer kleinen Sonne links und einer großen Sonne rechts) brauchen Sie also nur selten verschieben – außer dann, wenn Sie merken, dass die Helligkeit nicht ausreicht in Ihrer momentanen Situation. Es kann auch sein – und das kommt öfters vor – dass man ungewollt die Helligkeit verstellt und dann wieder anpassen muss. Beim iPhone ist der Regler nicht horizontal, sondern vertikal angeordnet.

Auto-Drehen / Porträt

Diese Funktion bestimmt, wie sich die Ausrichtung des Bildschirms verhält, wenn Sie das Handy zur Seite drehen. „Auto-Drehen" lässt den Bildschirm ab einer gewissen Neigung kippen (Fotos, Videos, Webseiten und andere diverse Apps im Querformat), und „Porträt" lässt den Bildschirm eingefroren. Die eingefrorene Ausrichtung ist beispielsweise hilfreich, wenn Sie auf der Seite liegen und der Bildschirm sich nicht mitdrehen soll - Ihr Kopf ist ja schließlich auch gedreht.
Was ist der Vorteil vom Auto-Drehen? Ein Video könnte so größer und bequemer angezeigt werden. Es kann auch sein, dass Sie eine Internetseite oder ein Dokument ansehen, worauf die Schrift sehr klein ist. Drehen Sie das Gerät zur Seite, und durch die größere Breite des Bildschirms steigt auch die Schriftgröße an.

Taschenlampe

Die Taschenlampe bzw. der Blitz am Handy ist meiner Meinung nach eine der bahnbrechendsten Errungenschaften für unser tägliches Leben.

Ich kann mich noch an meine Kindheit und Jugend erinnern – beim späten Nachhauseweg im Winter (10 Kilometer durch 1 Meter hohen Schnee, wie man sich gerne von damals erzählt) war es oft schon dunkel, und ich hatte eine Taschenlampe mit, um teilweise dunkle Wege besser ausleuchten zu können. Das heißt also, ich musste dieses Ding extra mithaben. Taschenlampe vergessen? Batterie schwach oder leer? Pech gehabt! Natürlich kann auch heute der Akku des Handys leer sein, aber ich meine, wir sind alle schon perfekt darauf ausgerichtet und so erzogen, dass wir immer genug Ladung haben. Wer geht schon mit 20% Akkuladung aus dem Haus?

Ihr Handy kann die automatische Einstellung haben, dass unter einer gewissen Prozentzahl an Akkuladung (20 oder 25 Prozent) die Taschenlampe nicht mehr funktioniert, da das Handy meint, dass die anderen Funktionen wichtiger sind (Telefonieren, Internet). Wundern Sie sich dann also nicht – das Handy ist nicht kaputt, sondern nur unzureichend aufgeladen. Und bitte nicht vergessen: Die Taschenlampe verbraucht eher viel Strom, also nicht vergessen sie auszuschalten, wenn Sie sie nicht mehr nutzen.

Hotspot

Ein „Hotspot“ – also ein „heißer Punkt“ - beschreibt ein WLAN-Netz, das Ihr Handy oder Tablet aussendet. Das Internet und seine möglichen Zugänge werden erst später beschrieben, aber nur so viel vorab: Wenn Sie durch Ihre mobile Datenverbindung über die SIM-Karte Internet überall nutzen können, können Sie diese Ressource anderen zur Verfügung stellen, wenn Sie einen Hotspot einrichten.

Dann erkennen andere Geräte Ihr Gerät als eine Möglichkeit, über ein WLAN-Netz ins Internet zu kommen.

Wofür braucht man das? Das ist sehr praktisch, wenn Sie zum Beispiel mit einem weiteren Laptop oder Tablet unterwegs sind (Ihr eigenes oder von jemand anderen) und dieses Gerät mit Internet versorgen wollen.

„Meine Güte, mein Laptop / Tablet / Handy hat kein Internet, das ist aber blöd ...“. Dann können Sie sagen: „Warte, ich richte einen Hotspot ein, dann kannst du meines benutzen!“

Wenn Sie lange auf den Hotspot-Knopf in der Schnellsteuerung drücken, kommen Sie wie immer ins dazugehörige Menü. In der Einstellungen-App finden Sie den Punkt unter „Weitere Verbindungen“, „Netzwerke und Verbindungen“ oder gleich als einen der ersten Punkte in der App. Dort können Sie den Namen des Netzwerks eingeben (das andere dann sehen können), und auch ein Passwort hinzufügen, damit nicht jeder Zugang zu Ihrem Netzwerk bekommen kann, der es nicht soll. Später brauchen Sie diese Einrichtung nicht wiederholen, es reicht, wenn Sie das Symbol für den Hotspot in der Schnellsteuerung tippen.

Wie erkenne ich, ob das Smartphone betriebsbereit ist?

Zusammen mit der Schnellsteuerung (Sie können sich erinnern – zweimal von ganz oben in die Mitte des Bildschirms wischen oder beim iPhone von unten nach oben oder beim Akkusymbol nach unten) haben Sie mit der **Statusleiste** (die oberste Zeile am Handy, die immer angezeigt wird) die Möglichkeit zu prüfen, ob Ihr Smartphone überhaupt betriebsbereit ist. Wenn das Gerät eingeschaltet ist – schön und gut, es gibt aber auch ein paar Voraussetzungen, damit alles so funktioniert, wie es soll.

- Habe ich aktuell Netzempfang?

Diese Kontrolle übersieht man gerne, wenn mal nichts funktioniert. Achten Sie auf die aufsteigenden Empfangsbalken oder das Empfangsdreieck und dessen Füllung. Je mehr Balken vorhanden sind bzw. je voller das Dreieck ist, desto besseren Empfang hat Ihr Gerät. Wird dort nichts angezeigt, können Sie vermuten, dass der Empfang momentan schlecht ist. Das bringt uns sofort zum nächsten Punkt.

- Sind Sie momentan in Reichweite eines Mobilfunknetzwerks?

Es gibt Orte, an denen man vermuten kann, dass man keinen oder nur schlechten Empfang hat. Das wären hohe Berge, verborgene und tiefe Täler, oder auch Tiefgaragen oder Gebäude mit sehr dicken Wänden bzw. Räume, die sehr weit innen im Gebäude liegen. Dann sollten Sie erkennen: „Ja, hier kann der Empfang schlecht sein. Ich ändere besser meinen Standort!“ Die Änderung des Standorts ist nicht immer möglich, und weil durch schlechten Empfang das Gerät ständig danach sucht und dadurch Strom verbraucht, sollten Sie überlegen, es auszuschalten oder in den Flugmodus zu wechseln, um den Akku zu schonen. Das ist besonders dann zu empfehlen, wenn Sie längere Zeit keine Aussicht auf eine Lademöglichkeit haben und das Gerät als Notfallkommunikation brauchen (am Berg, im Wald).

- Haben Sie eine SIM-Karte im Gerät eingelegt?

Diese Frage erscheint auf den ersten Blick blöd. Natürlich habe ich in meinem Gerät eine SIM-Karte eingelegt – wer soll sie denn rausgenommen haben?! Das wird in den allermeisten Fällen natürlich so stimmen.
Es geht bei dieser Frage auch nicht hauptsächlich um Ihr Gerät, sondern um ein Gerät, dass Sie nicht kennen und in die Hand bekommen.
Beispiel gefällig? Stellen Sie sich vor, ein Notfall ereignet sich und Sie haben im Moment Ihr Handy nicht dabei oder keinen Akku mehr. Zum Glück ist da aber ein Handy in

der Nähe! Sie wecken den Bildschirm auf und versuchen, eine Ihnen bekannte Nummer anzurufen. Das geht dann nur, wenn eine SIM-Karte mit einem gültigen Tarif bzw. Guthaben im Gerät steckt! Wenn nicht, können Sie keine privaten Nummern anrufen.

Wen können Sie aber anrufen? Richtig, alle Notrufnummern: Die funktionieren mit jedem Gerät, sofern Akkuladung vorhanden ist!

Um Ihnen diese Nummern nochmals in Erinnerung zu rufen, gehe ich sie kurz durch: 122 ist die Feuerwehr (die „2" sieht aus wie ein Feuerwehrschlauch), 133 ist die Polizei (die „3" sieht aus wie Handschellen) und 144 ist die Rettung (eine geschriebene „4" könnte man als Rettungssitz interpretieren). Eine zweite Eselsbrücke: Die Nummern 2, 3 und 4 sind in der gleichen logischen Reihenfolge angeordnet wie die Anfangsbuchstaben der Notruforganisationen (alphabetisch F, P, R).

Noch einfacher geht es mit 112, dem Euronotruf, der Sie sofort an die richtigen Einsatzkräfte weiterverbindet. Interessant könnten auch 140 (Bergrettung) und 1450 (Gesundheitstelefon) sein.

Zur Akkuladung: Wenn sich ein Notfall ereignet, und die Umgebung ist sehr kalt (unter 5° Grad Celsius, im Winter oder am Berg etwa), könnte es sein, dass das verwendete Handy sich nicht einschalten lässt oder unerwartet ausgeschaltet ist. Das kann daran liegen, dass der Akku sehr kalt ist (5) (4). Damit die physikalisch-chemischen Vorgänge zur Stromerzeugung funktionieren können, sollten Sie das Gerät am Körper (nicht am Feuer oder in der Mikrowelle oder ähnlichem!) aufwärmen und nochmals probieren einzuschalten. Wenn vorher der Akku noch Leistung hatte, stehen dann die Chancen sehr gut, dass sich das Gerät wieder einschalten lässt.

- o Bei Wertkarten: Haben Sie noch Guthaben? Ist die SIM-Karte noch aktiv?

Zu Beginn der weitverbreiteten Nutzung von Handys (Mitte bis Ende der Neunziger-Jahre des 20. Jahrhunderts) waren Wertkartentarife sehr beliebt.
Was genau ist das? Eine Wertkarte ist ebenso ein ganz normaler Tarif, das heißt, dass der Mobilfunkbetreiber seine Dienste mit gewissen Bedingungen zur Verfügung stellt. Man bezahlt aber nicht im Nachhinein nach Verbrauch oder monatlich durch Bankeinzug, sondern muss im Voraus Geldbeträge „aufladen", die dann sukzessive von diesem Guthaben abgebucht werden. Man hat das Gefühl, nicht gebunden zu sein, da man selbst bestimmt, wann und wieviel man verbraucht. Vorteile eines Wertkartentarifs: keine Mindestvertragsdauer, transparente Kostenkontrolle. Meiner Meinung nach überwiegen aber die Nachteile: häufig überteuerte Einheiten (Anrufminuten, SMS, Datenvolumen), Maximalnutzungsdauer für eine Aufladung möglich (z.B. 30 Tage, dann verfällt der Rest) und sehr häufig endet der „Vertrag" nach 12 Monaten ohne Aufladung, und die Nummer wird deaktiviert, was sehr unangenehm sein kann. Einfacher ist es heutzutage, einen Tarif zu wählen, der automatisch abgebucht wird und oft nur von Ihrer Nutzung abhängt – also keine fixen Kosten monatlich,

sondern Verrechnung ab der ersten Minute (eben wie bei der Wertkarte).
So laufen Sie nicht Gefahr, ohne Guthaben dazustehen. Außerdem sind die Einheiten bei einem angemeldeten Tarif (meist ohne Mindestvertragsdauer!) oft erheblich günstiger!

- Haben Sie den Flugmodus aktiviert?

Sie haben in einem früheren Kapitel bereits den Flugmodus kennengelernt und wissen, was er kann: Alle bestehenden Funkverbindungen kappen. Wie ich vermute, sind Sie inzwischen ein Profi in der Handhabung der Schnellsteuerung und steuern damit immer wieder wichtige Funktionen des Smartphones. Dabei kann es passieren, dass Sie unbemerkt den Flugmodus eingeschaltet haben und so niemand mit Ihnen Kontakt aufnehmen kann. Auch nachdem Sie ihn wissentlich aktiviert haben – vergessen Sie nicht, ihn wieder zu deaktivieren. Achten Sie in der Statusleiste (die Zeile ganz oben am Display) darauf, ob Sie nicht ein kleines Flugzeug sehen!

Benachrichtigungen

Was sind Benachrichtigungen?

Smartphones und Tablets sind so aufgebaut, dass sie sich bemerkbar machen, wenn etwas Wichtiges für uns passiert: eine neue Nachricht (SMS, WhatsApp, Mail und

ähnliche), ein unbeantworteter Anruf, ein anstehender Termin, ein verfügbares Systemupdate, und noch viele mehr.
Besonders Benachrichtigungen, die man nicht kennt oder versteht, lösen bei uns Nervosität, Unbehagen oder sogar Angst aus. Was ist das? Ist das wichtig? Muss ich da was bezahlen? Melde ich mich da ungewollt wo an? Ist meine Sicherheit oder die des Gerätes in Gefahr?
Sie kennen diese Fragen sicher, und für ungeübte Nutzer oder Neulinge stellen diese Fragen oft ein Hindernis dar, sich weiter mit diesen tollen Geräten zu beschäftigen.
Ich kann Sie beruhigen: Die wenigsten Benachrichtigungen stellen eine Bedrohung dar. Ganz im Gegenteil: Anstatt eine Bedrohung zu sein, schützen uns die meisten Benachrichtigungen sogar vor Gefahren und Schäden.
Ihre Benachrichtigungen sehen Sie entweder am Sperrbildschirm, nachdem Sie das Gerät aufgeweckt haben, oder in der Statusleiste (die Zeile ganz oben am Bildschirm) und im Detail, wenn Sie einmal von ganz oben in die Mitte des Bildschirms wischen. Dann sehen Sie eine Zeile der Schnellsteuerung, und darunter alle Benachrichtigung in Blöcken bzw. Balken.

Wie werde ich die Benachrichtigungen los?

Tja, hier sind sie nun, die Benachrichtigungen. Was soll ich jetzt damit tun, werden Sie sich denken? Ganz einfach, sage ich Ihnen: Die müssen Sie wieder loswerden, also verschwinden lassen. Dazu haben wir zwei Möglichkeiten:

Ansehen und damit arbeiten, oder löschen bzw. ignorieren.

- Ansehen und machen!

Ein Beispiel: Einer Ihrer Kontakte hat Ihnen eine SMS geschrieben, auf die Sie jetzt antworten möchten. Sie haben die Benachrichtigungen geöffnet (von ganz oben in die Mitte des Bildschirms wischen), und sehen den Balken mit der Nachricht vor sich. Um eine Benachrichtigung zu nutzen und damit zu arbeiten, tippen Sie einfach drauf, dann öffnet sich die App, die diese Benachrichtigung verursacht hat – in unserem Beispiel die Nachrichten/SMS-App. Sie befinden sich dann direkt im Nachrichtenverlauf mit diesem Kontakt und können sofort eine Antwort verfassen. Praktisch, oder? Wenn Sie dann wieder die Benachrichtigungen öffnen, werden Sie erkennen, dass der Balken mit der Nachricht verschwunden ist: Sie haben sie ja schließlich angesehen und damit gearbeitet.

- Löschen

Viel öfter wird es so sein, dass Sie eine Benachrichtigung so behandeln, was sie meistens auch ist: ein netter Hinweis.
Die meisten Hinweise werden Sie einfach zur Kenntnis nehmen und nicht weiter bearbeiten wollen. In diesem Falle ziehen Sie die besagte Benachrichtigung einfach zur Seite aus dem Bildschirm, und sie ist verschwunden. Beim iPhone müssen Sie nach links ziehen, und dann auf

„Entfernen“ tippen. Das Gerät weiß dann: Okay, zur Kenntnis genommen, brauche ich nicht weiter anzuzeigen. Sie sollten sich dementsprechend aber auch sicher sein, dass Sie nicht weiter damit arbeiten wollen – schließlich ist die Benachrichtigung dann verschwunden und wird Ihnen nicht mehr angezeigt! Außer bei sehr wichtigen Informationen (Systemupdate, wichtige Schritte zur Erhaltung der Sicherheit oder Funktion des Gerätes) erscheinen sie immer wieder, da sie offensichtlich wichtig sind.

Unterhalb (oder beim iPhone oderhalb) der ganzen angezeigten Benachrichtigungen haben Sie dann noch einen Knopf, der alle Benachrichtigungen löscht („Alle löschen“, oder ein Papierkorb-Symbol oder ein „x“ beim iPhone). Da müssen Sie nicht extra jede Benachrichtigung zur Seite wischen, sondern nur einmal tippen.

Vorsicht: Möglicherweise übersehen Sie dabei die eine oder andere wichtige Info! Und: Manche, sehr wichtige Benachrichtigungen lassen sich nicht löschen (weil sie wichtig sind). Es kommt einem dann vor, dass man das Wischen nicht richtig macht. Keine Sorge, das soll so sein. Natürlich bleiben diese Benachrichtigungen auch übrig, wenn Sie alle gleichzeitig löschen.

Wenn man eine Zeit lang nicht auf sein Handy/Tablet schaut, kann schon sein, dass sich viele Benachrichtigungen anhäufen. Sie sollten sich dann immer die Zeit nehmen, alles durchzulesen und dann zu bestimmen, was davon Sie bearbeiten wollen und was Sie einfach zur Kenntnis nehmen. Ich rate Ihnen aber dringend: Wenn Sie schon das Gerät zur Hand nehmen, sollten Sie alle Benachrichtigungen zum Verschwinden bringen – der Bereich unterhalb der Schnellsteuerung sollte „sauber“, also leer sein. Dann wissen Sie beim nächsten Mal, wenn Sie das Gerät nutzen, welche Benachrichtigungen neu sind. Ansonsten vermischen sich alte und neue Infos und man kennt sich nicht aus, was jetzt wichtiger ist und vielleicht dringender bearbeitet werden sollte. Das ist auch wichtig für neue Nachrichten, SMS, Mails und ähnliche: Wenn Sie die Zeit haben, schauen Sie sich alles an, was wo aufleuchtet. Erst dann sollten Sie das Gerät wieder schlafen schicken!

Wichtige Standardanwendungen

Unsere modernen Smartphones funktionieren eigentlich nur dann so richtig toll, wenn eine Verbindung zum Internet besteht. Die meisten Anwendungen sind darauf ausgerichtet, Informationen aus dem Internet zu beziehen und uns diese auf verschiedenste Arten und Weisen anzuzeigen: Kommunikation (Textnachrichten, Bilder, Videos), Unterhaltung (Video- und Musik-Streaming, Webseiten, Spiele, Social Media, ...) und Informationen (Google-Suche, Landkarten, aktuelle Fahrpläne, Nachrichten, ...). Da bleiben nicht viele Anwendungen übrig, die kein Internet brauchen. Die wichtigsten möchte ich Ihnen hier vorstellen – die sind aber trotzdem sehr nützlich.

Die Uhren-App

Die Uhren-App gibt es auf jedem Smartphone und hat immer die gleichen Funktionen. Das sind die Funktionen für **Alarme** (Wecker), **Timer** (Eieruhr), **Weltzeit** und **Stoppuhr**. Wenn Sie nicht vergessen, dass Sie diese App am Handy haben, können Sie Ihren Alltag damit erheblich erleichtern!

Alarme (Wecker)

Ein Wecker ist Ihnen vom Prinzip her sicher bekannt. Man stellt die Uhrzeit ein, zu der er laut losgehen soll, und wartet dann darauf. Das Smartphone als sehr leistungsfähiger Mini-Computer kann in diesem

Zusammenhang natürlich viel mehr. Sie können erstens mehrere verschiedene Wecker zugleich einstellen und diese nach Wunsch mit einem Schieberegler ein- und ausschalten.

Zweitens: Man kann jedem einzelnen Wecker verschiedene Tage zuweisen, an denen er läuten soll. Ich habe von Montag bis Freitag zum Beispiel den Wecker um 6:30 Uhr eingestellt – da stehe ich auf und beginne den Alltag unter der Woche.

Samstags und sonntags schlafe ich grundsätzlich aus, möchte aber nicht nach 8:30 Uhr aufstehen. Deshalb habe ich für Samstag und Sonntag den Wecker für diese Zeit gestellt. Unter der Woche läutet dann der Wecker natürlich nicht um 8:30 Uhr! Wenn ich dann eine Woche Urlaub habe, brauche ich den Wecker unter der Woche nicht und schalte ihn mit dem Schieberegler einfach aus. Ich darf dann am Ende der Woche aber nicht vergessen, ihn wieder einzuschalten.

Wenn man keinen Tag auswählt, klingelt der Wecker einmal zur nächsten, dieser eingestellten Zeit. Sollte ich diesen Wecker an einem anderen Tag wieder einmal brauchen, schalte ich ihn mit dem Schieberegler wieder ein, und er klingelt dann wieder nur einmal. Die bekannte Schlummern-Funktion („Snooze" - noch ein paar Minuten weiterschlafen, bis der Wecker wieder klingelt) ist natürlich auch immer inkludiert. Mit der Markieren-Geste (lange draufdrücken bis man ein Häkchen setzen kann) können ungewünschte Wecker gelöscht werden (auch wenn ein ausgeschalteter Wecker nie stört!).

Timer

Die Timerfunktion (auch Eieruhr genannt) benutze ich neben dem Wecker am häufigsten von den vier Funktionen.

Sie funktioniert ganz einfach: Sie stellen eine Zeit ein (Stunden, Minuten, Sekunden) und drücken auf Start – die Zeit beginnt rückwärts runter zu zählen. Bei null angekommen, ertönt ein Weckergeräusch. Während des Kochens ist diese Funktion besonders hilfreich – dann vergisst man nicht, wenn z.B. die Backzeit vorüber ist. Die vorinstallierten Timer-Funktionen bieten meistens nur einen möglichen Countdown an. Wenn Sie mehrere verschiedene Countdowns laufen lassen möchten, bietet sich die Installationen einer eigenen App an, die das kann.

Stoppuhr

Die Stoppuhr macht genau das, was man von ihr erwartet. Man startet die Zeit und stoppt sie jeweils per Knopfdruck – Zwischenzeiten (auch „Runden" genannt) sind natürlich auch möglich. Der dritte Knopf stellt die Zeit wieder auf null.

Weltzeit:

Ich kann mich an eine Zeit erinnern, wo es für mich sehr faszinierend war, die Weltzeit an verschiedenen Orten zu kennen.

Mit einem Smartphone ist das ein leichtes: Sie suchen Ihre gewünschten Orte und können diese einfach abspeichern, sodass sie ständig sichtbar sind in der App. Das ist besonders hilfreich, wenn Bekannte oder Verwandte weltweit verstreut sind und sie unkompliziert nachschauen wollen, wie spät es dort ist. Nicht nur zur Information natürlich – sondern auch vor allem dazu, um zu wissen, ob ein Anruf nicht zu einer unpassenden oder unmöglichen Zeit ankommt. Oder wissen Sie spontan, wie spät es jetzt in Los Angeles oder in Tokio ist? Ich nicht. Stellen Sie es einfach ein und schauen Sie nach!

Der Kalender

Der Kalender ist für mich ein zweischneidiges Schwert – ich sage es ganz offen heraus. Er ist sehr praktisch und, weil man das Handy immer mithat, immer zugänglich. „Ich habe meinen Terminkalender nicht mit" kann also in Zeiten wie diesen keine Ausrede sein, oder? Trotzdem spricht für mich einiges gegen die aktive Nutzung des Kalenders. Ich trug bis ins Jahr 2021 tatsächlich einen ledernen A5-Organizer mit mir rum. Warum? Da hatte ich einen handschriftlichen Kalender, in dem ich gleich während eines Telefonats schauen konnte, ob ein Termin möglich war und diesen auch gleich notieren konnte. Weiters hatte ich so immer Papier und Stifte zum Schreiben und verschenken und Aufbewahrungsmöglichkeiten für diverse Visitenkarten und ähnliches. Das ist auch ein springender Punkt bei der Nutzung Ihres Smartphones: Nutzen Sie es so, wie Sie es

für richtig halten. Manch einer (ich?) will Sie belehren, wie Sie Ihr Gerät „besser“ nutzen können.
Doch ich bin mir sicher: Sie haben genügend Lebenserfahrung, dass Sie Ihr Leben auch (fast) ohne Smartphone bestreiten können (bzw. konnten Sie es vor dieser Ära). Ich hatte für mich festgestellt, dass ein digitaler Kalender lange für mich nicht passte – ich ließ mich inzwischen eines Besseren belehren.
Nichtsdestotrotz möchte ich Ihnen die wichtigsten Funktionen vorstellen – dann können Sie sich ein Bild davon machen, ob Sie ihn nutzen möchten oder nicht.

Kalenderansicht

Sie können beim Kalender auswählen, welchen Zeitraum Sie sehen möchten – Terminübersicht (dann werden nur die nächsten Termine hintereinander angezeigt, egal wie lange die auseinander liegen), Tagesübersicht mit den Stunden, Wochenübersicht mit den Tagen und den jeweiligen Stunden, und die Monatsübersicht mit allen Tagen. Einstellbar sind die Kalenderwoche und auch Feiertage in Ihrem jeweiligen Land. Wenn Sie weit entfernte Daten betrachten, haben Sie immer einen Knopf (sieht meistens aus wie ein Tages-Abrisskalender), der Sie an den heutigen Tag zurückbringt. Die Navigation zwischen den Tagen/Wochen/Monaten geschieht mit Wischen – da können sich verschiedene Kalender-Apps unterscheiden, ob Sie jeweils nach oben/unten oder links/rechts wischen müssen.

Ein Vorteil von Kalender-Apps ist, dass sie sich automatisch synchronisieren und auf verschiedenen Geräten bedient und gefüllt werden können. Ich benutze z.B. den Google-Kalender (nicht den automatisch vorinstallierten Kalender der Handyhersteller) – den habe ich auf meinem Android-Handy, auf meinem iPad und auf meinen drei Computern (zuhause, im Büro, Laptop unterwegs), die ich unterschiedlich häufig benutze. So habe ich immer Zugriff auf die aktuellsten Kalendereinträge.

Tippen Sie oder drücken Sie lange auf einen Zeitpunkt in Ihrem Kalender, und Sie können einen neuen Termin anlegen. Oft steht Ihnen rechts unten oder oben auch ein „Plus“-Symbol dafür zur Verfügung. Die Einstellungsmöglichkeiten sind dabei immer sehr ähnlich bei verschiedenen Apps.

Titel: Ihr Termin braucht schließlich eine Bezeichnung. Name, Ort, Agenda bieten sich da an.

Wenn Sie verschiedene Quellen von Kalendern nutzen, können Sie auch immer den Kalender auswählen, der befüllt werden soll. Vielleicht nutzen Sie ja nicht auf allen Geräten die gleichen Kalender (z.B. Arbeit, Familie, Verein, ...)

Ganztägig: Diese Funktion ist oft voreingestellt. Der Kalender geht davon aus, dass ein Termin den ganzen Tag in Anspruch nimmt („Ausflug“, „Urlaub“ und ähnliche). Wenn Sie „Ganztägig“ ausschalten (oft mit einem Schieberegler), können Sie Ihre gewünschte Start- und Endzeit eintragen. Die Startzeit ist oft dort, wo Sie den Finger am Display berührt haben – also können Sie dahingehend schon Zeit sparen, wenn Sie auf die richtige Zeit am richtigen Tag tippen oder drücken. Die Standard-Termindauer lässt sich in den Einstellungen ändern (1 Stunde sollte der voreingestellte Standard sein)

Wiederholen: Bei diesem Punkt wird es interessant – hier kann man einstellen, wie oft ein Termin wiederholt werden soll: täglich, wöchentlich, monatlich, jährlich (bei Geburtstagen interessant). Oder eben „benutzerdefiniert“: Wie oft soll er wiederholt werden (wöchentlich, drei Mal; Dienstag und Donnerstag vier Monate lang, usw.), wann soll die Serie enden (nach fünf Mal, nach vier Monaten, genau an einem bestimmten Tag, usw.). Sie müssen auf keinen Fall jeden einzelnen Termin, wenn er regelmäßig ist, extra im Kalender eintragen!

Benachrichtigungen: Dieser Punkt ist sehr praktisch. Sie können beliebige Benachrichtigungen eintragen (auch mehrere), die Sie an einen Termin erinnern, und das ganze oft als Handybenachrichtigung und per E-Mail. So ist es möglich, z.B. sieben Tage vor dem Termin, zwei Tage vor dem Termin, eine Stunde vor dem Termin usw. eine Benachrichtigung erscheinen zu lassen – damit Sie ja nicht den Termin vergessen! Für Geburtstage eignen sich etwa sieben Tage vorher und/oder am Tag des Geburtstags.

Unter dem Punkt „Beschreibung“ haben Sie dann nochmals Platz, mehr und ausführliche Notizen zum Termin zu hinterlegen.

Viele Kalender-Apps bieten dann auch noch die Möglichkeit, unterschiedlichen Terminen unterschiedliche

Farben zuzuweisen. Ein Sporttermin muss ja nicht gleich aussehen wie ein Arzttermin, oder?
Wenn bei Ihrer Kalender-App die Funktion „Ort“ auch noch zur Verfügung steht (beim Google-Kalender tut sie das), können Sie dort auch noch den genauen Ort bzw. die Adresse eingeben und von dort aus gleich die Navigation starten, ohne die Adresse nochmals händisch eintragen zu müssen!

Der Taschenrechner

Wenn man sich vorstellt, dass tragbare Taschenrechner „erst“ in der Mitte der 1970er-Jahre kauf- und leistbar wurden (14), erscheint diese Funktion heutzutage (2021) fast lächerlich im Vergleich zu anderen tollen Anwendungen am Smartphone und Tablet.
Trotzdem haben wir ihn auf jedem Gerät vorinstalliert dabei – und seien Sie froh darüber! Ich kenne noch den Spruch von Lehrern aus meiner Schulzeit in den 1990er-Jahren: „Lernt ausreichend Mathematik ohne Taschenrechner – ihr habt ja als Erwachsener dann auch nicht ständig so ein Gerät eingesteckt!“ Tja, wie sich hier viele Lehrer geirrt haben – Wir haben SPRICHWÖRTLICH ständig so ein Gerät eingesteckt! Die meisten Geräte verfügen im Hochformat über den „normalen“ kleinen Taschenrechner mit den einfachen Rechenoperationen (Addition, Subtraktion, Division, Multiplikation und eventuell Klammern und Prozentzeichen). Viele Geräte wechseln durch einfaches Drehen des Gerätes in das Querformat oder mit einem extra Knopf zur

wissenschaftlichen Ansicht (Wurzeln, Pi, Logarithmen, Potenzen, Winkelfunktionen und Speichermöglichkeiten). Sie sehen – da ist sehr viel möglich. Wir wissen schon, dass Handys heute sehr mächtige Computer sind, und deshalb können Sie auch beliebig viele extra Apps mit erweiterten Funktionen (Grafik, Statistik, Wahrscheinlichkeits-Rechnungen, Finanzrechner, ...) und Rechneransichten Ihres Geschmacks installieren.

Die Notizen-App

Die Notizen-App ist seit Beginn meiner Nutzung von Smartphones ein ständiger Begleiter. Es gibt auf jedem Handy eine vorinstallierte Notizen- oder Memo-App, die alle ähnlich funktionieren. Ich möchte Ihnen hier jedoch die Google-Notizen-App vorstellen, da diese sich bei aufrechter Internetverbindung mit der Cloud synchronisiert und so gleichzeitig auf anderen Geräten (Tablet, PC, auch Apple-Geräte) abgerufen werden kann. Folgende Funktionen bietet diese App an:

Normale Textnotiz:
Tippen Sie in der App rechts unten auf das bunte „Plus“ für neue Notiz. Ganz einfach – Sie schreiben einen Titel und darunter die Notiz.

Liste mit Checkboxen (zum Abhaken):
Sie können Listeneinträge erstellen, zum Beispiel für eine Einkaufsliste. Wenn Sie während des Einkaufens dann einen Artikel besorgt bzw. in den Einkaufswagen gelegt

haben, gibt es zwei Möglichkeiten. Entweder Sie haken den Artikel ab, dann verschwindet er automatisch in die zweite Liste (grau geschrieben) unterhalb der aktiven Liste. Diese grau markierten Artikel können Sie dann beim nächsten Einkauf wieder in die aktive Liste aufnehmen, indem Sie den Haken entfernen. So brauchen Sie häufige benutzte Listeneinträge nicht immer neu schreiben. Die zweite Möglichkeit besteht darin, dass Sie mit dem „X“ rechts neben dem Listeneintrag diesen einfach löschen. Dann ist er verschwunden und muss das nächste Mal neu hinzugefügt werden – aber die Liste bleibt „sauber“, und ich weiß, dass das vielen gefällt.

Bild aufnehmen / aus der Galerie hinzufügen:
Tippen Sie auf das kleine Bild, und Sie werden sofort gefragt, ob Sie jetzt ein Bild aufnehmen wollen oder eines in Ihrer Galerie suchen wollen. Wenn Sie dann auf das hinzugefügte Bild tippen, können Sie es noch bearbeiten und beschriften. Es ist natürlich auch möglich, in der Notiz Text hinzuzufügen.

Sprachnotiz:
Tippen Sie auf das Mikrofon, und Sie können ins Gerät sprechen. Es zeichnet sowohl die Sprachnotiz auf, als auch eine automatische Abschrift als Text. Sehr praktisch, wenn Sie mal keine Hand frei haben zum Schreiben!

In einer Notiz können Sie rechts unten auf das Drei-Punkt-Menü tippen und haben einige Optionen. Sie können die Notiz hier löschen, kopieren (und dann ändern), mit einer

App teilen bzw. senden, per Mail einen Mitarbeiter hinzufügen, ein Label hinzufügen (z.B. „Arbeit“, „Freizeit“ usw.) und auch die Hintergrundfarbe ändern. Letzteres ist sehr praktisch, da das Auge unterschiedliche Kategorien schnell erkennen kann.

Hintergrund einstellen

Smartphones und Tablets sind darauf ausgerichtet, uns Spaß zu machen. Um uns die Nutzung schmackhaft zu machen, gibt es viele kleine Details, die wir so einstellen können, dass wir uns damit besonders wohlfühlen. Dazu gehören unter anderem Profilbilder, die Anordnung der Apps auf dem Startbildschirm, Installation von zusätzlichen Apps und auch das Einstellen eines gewünschten Hintergrundbildes.

Einen persönlichen Hintergrund einzustellen, geht recht einfach und meistens auf mehrere Arten.

Bei allen Geräten finden Sie in der Einstellungen-App relativ weit oben den Punkt „Hintergrund“ oder „Hintergrundbild“. Dort haben Sie dann die Möglichkeit, verschiedene Hintergründe auszuwählen. Entweder Sie wählen vordefinierte Hintergründe (die haben oft sehr schöne Farben und Bilder bzw. auch leicht bewegte Inhalte) oder Sie suchen sich aus Ihrer Galerie ein neues Bild aus. In diesem Fall können Sie natürlich ein beliebiges Motiv wählen, dass Sie zuvor aufgenommen haben oder das Ihnen geschickt worden ist. Sie können dann auch noch entscheiden, ob das Bild auf dem Sperrbildschirm (wenn Sie das Gerät aufwecken), auf dem

Startbildschirm (wenn Sie den Home-Button gedrückt haben oder nach dem Entsperren des Bildschirms) oder auf beiden angezeigt werden soll. Sie sollten auch eher darauf achten, dass Sie ein Bild im Hochformat wählen, da Sperr- und Startbildschirm auch jeweils hochformatig sind (Querformat macht eher bei einem Tablet Sinn, welches auch oft im Querformat bedient wird).
Die meisten Geräte bieten auch an, direkt in der Galerie das gerade angezeigte Foto als Hintergrund zu verwenden. Dazu brauchen Sie bei einem einzeln angezeigten Bild das Drei-Punkte-Menü oben oder unten bzw. den Teilen-Knopf. Tippen Sie drauf und suchen Sie nach dem Begriff „Als Hintergrund einstellen“ oder „Festlegen als“ (und dann „Hintergrund“ auswählen). Zu einem passenden Ausschnitt des Hintergrundes zu „Zoomen“ ist meistens nicht gut möglich, deshalb sollte das Bild und vor allem das Format (Hochformat) von Beginn an schon recht gut passen.

Der Zugang ins Internet

Was ist das Internet?

Über diese Frage kann man sich lange und technisch unterhalten, oder eher kurz und verständlich. Ich wähle die zweite Variante: Das Internet ist ein weltweiter Zusammenschluss von Computern, auf denen Informationen, Webseiten und Anwendungen gespeichert sind (15). Diese Computer (oft auch Rechenzentren oder Großrechner genannt) sind über Leitungen miteinander verbunden: Erdleitungen, Unterwasserleitungen oder Satellitenverbindungen. Durch Internetverbindungen, die auch wir mit unseren Geräten herstellen können, können wir ebenfalls (teilweise) auf diese Informationen, Webseiten und Anwendungen zugreifen. Weitere Begriffe rund ums Internet werden etwas weiter hinten im Buch vorgestellt.

Wie haben sich Telefon und Internet geschichtlich entwickelt?

Die Entwicklung des Telefons und des Internets basieren auf der gleichen Technik. Sie kennen sicher noch Ihr erstes Telefon mit einem Festnetzanschluss. Hatten Sie auch einen Viertelanschluss oder einen halben Anschluss?

Ich persönlich kenne diese Art der Anschlüsse nur noch von Erzählungen, dafür bin ich etwas zu jung (ich wurde Anfang der 1980er Jahre geboren). Wenn bei einem geteilten Anschluss ein anderer Teilnehmer telefonierte, konnte man selber nicht telefonieren. Man konnte zum

Nachbarn gehen und ihn bitten aufzulegen! Praktisch, oder?
Ein Festnetzanschluss hat eine einfache Funktionsweise. Ein Telefonkabel wird zum Haus verlegt, und im Haus hat man dann eine Buchse, an die das Telefon angesteckt wird. Nicht einmal Strom brauchte man früher dafür extra! Und voila – man konnte telefonieren. Wo konnte man telefonieren? Genau dort, wo der Anschluss war und das Telefon stand. Man war also sehr ortsgebunden. Ich kann mich erinnern, dass ich öfters im kalten Vorraum saß, wo das Festnetztelefon stand, und mit Freunden telefonierte. Für mich gab es zum sozialen Austausch dann auch bald das erste Handy... Wenn wir auf unser heutiges Telefonverhalten schauen: Die Frage „Wo bist du?“ hatten wir bei Festnetzanschlüssen nicht – denn im Grunde erreichte man einen Ort (Anschluss), und nicht zwingenderweise eine bestimmte Person.
Der technische Fortschritt war nicht aufzuhalten, und seit Mitte der 1980er-Jahre gibt es Schnurlostelefone (16). Wieder ist ein Gerät an die Telefonbuchse angeschlossen, der Hörer ist jedoch nicht über ein Kabel mit dem Gerät verbunden.
Diese Basisstation sendet ein Funksignal aus, in dessen Reichweite Sie mit dem Mobilteil (dem Hörer) telefonieren können. Wenn Sie zu weit von der Basisstation entfernt sind, funktioniert das Telefonieren nicht mehr. Man konnte mit dieser Technologie zwar immer noch „nur“ einen Anschluss erreichen und keine Personen an sich, man war aber nicht streng an den Ort des Geräts

gebunden und konnte sich in der Wohnung / im Haus wenigstens frei bewegen.
Die Technologie von heute, die wir überwiegend nutzen, ist die Mobiltelefonie. Die gibt es schon überraschend lange – Ende der 1940er und Mitte der 1950er Jahre wurden schon Anstrengungen unternommen, einen weitreichenden Empfang zu ermöglichen (17). Sie erinnern sich vielleicht – Autotelefone für wirklich wichtige Menschen kennen Sie schon lange, nicht wahr? In der breiten Masse kamen Handys dann erst Mitte der 1990er-Jahre an. Überall, wo man sich mit einem Mobilfunkmasten verbinden kann, kann man telefonieren. Durch eine sehr hohe Netzabdeckung in Österreich kann man heutzutage davon ausgehen, dass zumindest in bewohnten Gebieten ein Empfang möglich ist. Das bedeutet, dass man mit einem Handy maximale Bewegungsfreiheit beim Telefonieren hat.

Die Entwicklung des Internets verlief ähnlich. Dies ist vor allem dem Umstand geschuldet, dass dieselben oder ähnliche Technologien verwendet werden.
Zu Beginn der Internetnutzung konnte man genau dort ins Internet einsteigen, wo ein angeschlossener Computer vorzufinden war – ähnlich dem Festnetztelefon (15).
Genau das gleiche Kabel, das den Telefonanschluss im Haus ermöglichte, wurde genutzt für die Internetverbindung. Ein Kabel von der Telefonbuchse aus führte zum Modem, das am Computer angesteckt war, und wandelte Telefonsignale in Computersignale um (einfach gesprochen) (18). Vielleicht kennen Sie noch die ersten

Modems, die Sie zuhause hatten, Ende der 1990er-Jahre? Die machten so komische Pieps- und Pfeiftöne, wenn die Verbindung hergestellt wurde. Man konnte dann auch nicht telefonieren, während jemand im Internet war. „Junge, geh raus aus dem Internet, ich erwarte einen Anruf!" war ein Satz, der zu diesen Zeiten sicher öfters gesprochen (geflucht?) wurde.
Ähnlich dem Schnurlostelefon beim Telefonieren war es dann auch bald möglich, etwas ortsunabhängiger beim Internetempfang zu sein. Den Begriff WLAN haben Sie sicher schon mal gehört – was bedeutet der eigentlich? WLAN ist die Abkürzung für „Wireless Local Area Network", also etwa ortsgebundenes, kabelloses Netzwerk. Ein kleines Kästchen mit ein paar blinkenden Lichtern sendet wie die Schnurlostelefon-Basisstation ein kleines Netzwerk (bis maximal 100m Umkreis) aus, in dem Sie mit einem WLAN-fähigen Endgerät (Handy, Tablet, Computer, Laptop, Fernseher, smarte Lautsprecher, ...) Internet empfangen können.
Woher hat dieses Kästchen, „Router" genannt, selbst sein Internet? Gute Frage:
Aus der Telefonbuchse („Festnetzinternet") oder über Mobilfunk („Over the air", also etwa „über die Luft"). Über Mobilfunk fängt der Router also mobile Daten aus einem Masten ein und gibt diese gebündelt an alle weiter, die mit dem Router verbunden sind.
Dieselben mobilen Daten nutzen wir übrigens auch am Handy, überall wo wir mit einem Masten verbunden sind. Wie schon zuvor festgestellt ist das bei uns in Österreich und Deutschland im Grunde überall, wo es bewohnte

Gebiete gibt – und das beschert uns maximal ortsunabhängigen Internetgenuss. Somit ist unsere geschichtliche Reise abgeschlossen!

Welche Arten gibt es, ins Internet zu gelangen?

Um die letzten Ausführungen zusammenzufassen – Sie sollten sich folgendes merken: Es gibt zwei Arten, ins Internet zu gelangen: Über die **mobile Datenverbindung (ortsunabhängig)** und über ein **WLAN (ortsgebunden)**. Dabei sollten Sie aus Kostengründen beachten, dass für ein Endgerät (Handy, Tablet, Computer, Laptop, Fernseher, smarte Lautsprecher, ...) ein WLAN immer kostenlos ist, weil es von jemandem zur Verfügung gestellt wird. Derjenige, dem der Router gehört, mit dem Sie sich verbinden, trägt die Kosten und muss sich darum kümmern, dass genügend Datenvolumen zur Verfügung steht. Oft ist es ohnehin so, dass ein WLAN mit seinem Tarif unbegrenztes Datenvolumen bietet.

Vorsicht – das muss aber nicht so sein, und das ist vor allem dann wichtig, wenn Ihnen selbst der Router bzw. dieses WLAN gehört!

Bei der mobilen Datenverbindung, auch nur „Mobile Daten“ genannt, beziehen Sie Ihre Daten vom Mobilfunkmasten, mit dem Sie verbunden sind. Sie sind also ortsungebunden und nur von der Infrastruktur in Ihrer Umgebung und vom Tarif Ihres Mobilfunkbetreibers abhängig.

Tarife beim Smartphone

Damit Sie unterwegs am Handy im Internet surfen können, brauchen Sie einen passenden Tarif. Egal ob angemeldet oder „nur" Wertkarte – beide Varianten stellen einen Vertrag dar und bieten einen Tarif, d.h. wie die Nutzung geregelt ist.

Ein Tarif besteht aus verschiedenen Leistungen, die Ihnen gegen Entgelt zur Verfügung gestellt werden. Diese Leistungen können von Tarif zu Tarif ganz ordentlich abweichen und bedürfen im Vorhinein eine Menge Recherche, Vergleich und vielleicht auch professionelle Beratung. Von welchen Leistungen sprechen wir?

Telefonie:

Was kostet mich eine Minute telefonieren? Wie viele Minuten sind gratis dabei (pro Monat / Aufladung)?

SMS:

Was kostet mich eine SMS? Wie viele SMS sind gratis dabei (pro Monat / Aufladung)?

Datenvolumen:

Dieser Punkt ist bei der modernen Nutzung eines Smartphones vielleicht schon der wichtigste. Welche Datenmengen kann ich runter- und hochladen? Kann ich nicht aufgebrauchte Mengen in den nächsten Monat mitnehmen?

Sind Minuten/SMS/Datenvolumen (Megabyte?) vielleicht gemeinsam in einem Topf, den ich leere?

Wie ist die Nutzung im Ausland / ins Ausland geregelt?

Ist ein Gerät bei der Anmeldung dabei? Ist dieses Gerät nur mit SIM-Karten dieses Anbieters nutzbar (SIM-Lock)?

Hat der Tarif Basiskosten (Grundgebühr, jährliche Pauschale für z.B. SIM-Karte, ...)?

Meine Tipps dazu:
Vergleichen Sie verschiedene Anbieter und Tarife, das geht besonders gut im Internet.
Ist Ihnen persönliche Betreuung in einem Geschäft wichtig? Dann sollten Sie sich eher an die großen Anbieter halten (A1, Drei, Magenta). Billiganbieter bieten weniger persönliche Betreuung und sind vielleicht schlecht zu erreichen.
Vergleichen Sie, ob ein Tarif mit inkludiertem Gerät nicht vielleicht teurer ist, als wenn Sie nur einen günstigen Tarif anmelden und das Gerät extra kaufen. Lassen Sie sich nicht täuschen – Sie bezahlen ein eventuell inkludiertes Gerät immer mit Ihrem Tarif ab!
Wertkarte oder angemeldeter Tarif? Praktischer sind heutzutage (2021) angemeldete Tarife – da gibt es einige, die man nur nach Nutzung bezahlt. Bei einer Wertkarte laufen Sie immer Gefahr, ohne Guthaben dazustehen.

Datenmengen: Was bedeutet GB?

Wenn man von Handy- und Mobilfunktarifen spricht, fällt bei der sehr wichtigen Kategorie „Datenvolumen“ immer

der Begriff „Gigabyte“. Ganz selbstverständlich wird damit geprahlt und herumgeworfen: 2 Gigabyte, 10 Gigabyte, unendlich viel Gigabyte. Was bedeutet dieser Begriff eigentlich? Und was wird damit gemessen?
Ganz einfach: „Byte“ ist ein Begriff der Computersprache und bezeichnet eine Datenmenge (19).
Damit sind hauptsächlich zwei Begriffe verbunden: Mit dem Speicherplatz auf einem Medium (Festplatte, Speicherkarte, Gerätespeicher, CD-Rom, Diskette, Cloud-Speicherplatz, ...) und mit Datentransfer-Volumen (Runter- und Hochladen von Daten aus dem bzw. in das Internet, engl. „download“ und „upload“).
Ersteres bezeichnet man fast immer mit „Speicherplatz“ oder nur „Speicher“ und zweiteres mit Datenvolumen bzw. Downloadvolumen (eher ungenau, da bei den Daten immer up- und download, also Runter- und Hochladen gemeinsam als Menge erfasst werden). Je mehr Datenmengen man beschreiben will, desto eher braucht man auch noch Vorsilben, die uns „Tausend“, „Millionen“ und „Milliarden“ (beliebig fortsetzbar) ersparen.
Doch fangen wir ganz unten an:

Bit:
1 Bit ist eine Informationseinheit im Computer – eine Null oder eine Eins. Das haben Sie vermutlich schon mal gehört. Das steht für „Strom an“ (1) oder „Strom aus“ (0) bzw. „Ja“ oder „Nein“. Dass unsere Geräte Strom zum Betrieb brauchen, merken wir spätestens dann schmerzlich, wenn der Akku leer ist beim Handy oder

wenn ein Stromausfall herrscht beim Standcomputer. Ohne Strom geht nichts!

Byte:
1 Byte ist ein Zeichen (Punkt, Beistrich, Buchstabe, Zahl, ...) und besteht aus 8 Bits, d.h. 8 verschiedenen Nullen und Einsen. Mit den Bits brauchen wir uns im Grunde nicht länger aufhalten – auf die Bytes kommt es in weiterer Folge an. Ein Zeichen ist ein Zeichen – nicht mehr und nicht weniger. Dementsprechend braucht so ein Zeichen auch nicht viel Speicherplatz.

Kilobyte (kB):
Die griechische Vorsilbe „Kilo“ steht für Tausend - also ist ein Kilobyte tausend Bytes. Dabei gibt es zwei Zählweisen: Entweder sind genau tausend gemeint oder 1.024 - das entspricht 2 hoch 10 (2^{10}). Warum 2, werden Sie fragen? Weil 0 und 1 eben zwei verschiedene Zustände sind. Zur groben Rechnung passt also tausend - exakt sind es 1.024. Ab jetzt brauchen Sie sich nicht mehr wundern, wenn Sie diese komische Zahl sehen.
Mehrere Kilobytes sind also tausende Zeichen - und das sind Texte oder Textdateien. Und die Größe einer Textdatei oder einer Textnachricht ist für heutige Verhältnisse schon sehr wenig Speicherplatz!

Megabyte (MB):
Wenn wir ein Kilobyte nochmal vertausendfachen, kommen wir zu einem Megabyte. "Mega" ist die griechische Vorsilbe für "Million" - wir haben es hier mit einer Million

Bytes zu tun - oder eben wieder mit 1.024 Kilobytes. Damit Sie mit dieser Größenordnung auch etwas anfangen können - Bilder bzw. Fotos bewegen sich im Megabyte-Bereich. Ein Foto einer durchschnittlichen Handy-Kamera hat etwa 2-5 Megabytes. Die Bilder auf WhatsApp haben durch die automatische Verkleinerung oft viel weniger als ein Megabyte. Wenn Sie viele höher auflösende Bilder in Ihrem Speicher haben, kann da schon ein bisschen was zusammenkommen.

Gigabyte (GB):
1 Gigabyte sind wiederum 1.024 Megabytes - langsam kommen wir in interessante Höhen. Als Beispiel, wieviel das sein kann: Mehrere Bilder ergeben zusammen mit Ton einen Film. Und tatsächlich spielen sich die Datenmengen von Filmen in der Gigabyte-Größenordnung ab. Am meisten Daten brauchen sogenannte "Streaming-Dienste", die Videodateien immer aktuell aus dem Internet beziehen. Auch YouTube gehört dazu. Was bedeuten diese Größenordnungen jetzt aber für Sie und Ihre Gerätenutzung?
Sie haben bei Ihrem Tarif wahrscheinlich "ein paar" Gigabyte Datenvolumen integriert: 2, 3, 5, 10 oder vielleicht sogar mehr.
Merken Sie sich folgendes: Wenn Sie unterwegs sind und Ihre mobile Datenverbindung nutzen, können Sie so viele Textnachrichten und Bilder senden und empfangen, wie Ihnen lieb ist. Auch die Google-Suche und Internetrecherche können Sie quasi unbegrenzt verwenden. Sie sollten aber bei hochwertigem Videogenuss

unterwegs eher sparsam sein, damit Sie Ihr Datenvolumen nicht vorzeitig aufbrauchen und dann für zusätzliche Daten teuer bezahlen müssen. Die Videos auf WhatsApp sind davon nicht betroffen: Erstens werden diese ohnehin mit sehr geringer Qualität und Größe gesendet, und zweitens lädt man die nur einmal runter und sieht die gespeicherte Kopie dann immer wieder an. Für hochwertige Videos empfiehlt es sich sehr, mit einem WLAN verbunden zu sein, wovon sie unbegrenzt Daten beziehen können.

Terabyte (TB):
1 Terabyte sind wieder 1.024 Gigabyte, und in dieser Größe werden Festplatten oder sonstige Speichermedien hergestellt. Handys mit 1 TB sind zurzeit (2021) noch sehr selten - üblich sind momentan 64 und 128 GB. Ich würde nicht raten, ein neues Handy unter 32 GB Speicherplatz zu kaufen. 16 GB sind sehr schnell voll mit dem Betriebssystem und ein paar Apps, sodass wenig Platz für Medien bleibt.

Weitere Begriffe rund ums Internet

Damit Sie sich im Internet besser zurechtfinden, möchte ich Ihnen noch ein paar Begriffe näherbringen, die man ständig hört und braucht, aber vielleicht nicht weiß, was sie genau bedeuten.

World Wide Web:

Das World Wide Web, abgekürzt „www", ist ein Internetdienst zur Übertragung von Webseiten. Das WWW ist gar nicht so alt – es wurde 1989 von Tim Berners-Lee in der Forschungseinrichtung CERN ins Leben gerufen (15). Ohne diese Vernetzung könnten wir auf keine fremden Inhalte zugreifen.

Webseite:

Beim WWW wurden Sie gleich mit dem zweiten Fremdwort konfrontiert – der Webseite (oder engl. „website"). Eine Webseite ist ein virtueller Platz (also keiner, den ich im echten Leben besuchen kann) im World Wide Web, der genau mit einer Internetadresse (Domain) erreichbar ist. Wenn Sie www.handykurse.at eingeben, kommen Sie genau auf meine Seite. Diese habe ich mir gemietet – das kostet gar nicht so viel, für ca. 100 Euro im Jahr bekommen Sie schon ein recht umfangreiches Paket – und solange ich sie miete, kann das sonst keiner tun. Sie geben www.handyschule.at ein? Das bin nicht ich – da erreichen Sie nicht meine Seite! Außer, ich habe wegen der Namensähnlichkeit auch diese Seite gemietet und lasse Sie dann auf handykurse.at weiterleiten. Für eine Bezeichnung einer Internetseite ist es im üblichen

Sprachgebrauch nicht notwendig, das „www“ jedesmal davor zu sagen. „handykurse.at“ reicht vollkommen, Sie müssen nicht www.handykurse.at sagen.

Browser:

Jetzt haben wir schon ein Netz aus Webseiten, die miteinander verbunden sind. Doch was hilft mir das, wenn ich keine Möglichkeit habe, diese Seiten anzusehen? Dazu brauche ich ein spezielles Programm, eine Anwendung, eine App: den Browser. „To browse“ heißt auf Englisch etwa „durchsuchen, blättern, schmökern“. Wir brauchen also ein Programm, das mir Webseiten anzeigt, damit ich darin schmökern kann. Es gibt viele verschiedene Browser, die alle sehr ähnliche Dinge tun. Im Grunde ist es egal, welchen Sie benutzen. Von manchen haben Sie vielleicht schon gehört: Netscape (gibt's nicht mehr), Internet Explorer (ist ein Auslaufmodell), Google Chrome (ist möglicherweise auf Ihrem Handy vorinstalliert und 2021 der meist genutzte Browser (20)), Samsung Internet Browser (der violette Planet, ist möglicherweise auf Ihrem Handy vorinstalliert), Microsoft Edge (hat den Internet Explorer ersetzt), Mozilla Firefox, Safari (der „Kompass“ auf Ihren Apple-Geräten wie iPhone, iPad oder Mac-Computern). Sie können sich auf den meisten unterschiedlichen Systemen jeweils den Browser Ihres Vertrauens herunterladen.

Suchmaschine:

Wir haben ein Netz aus Webseiten, die miteinander verbunden sind, und wir können uns auf diesen Seiten mit einem Browser bewegen. Wenn wir auf einen „Link" klicken, kommen wir auf eine bestimmte Seite. Ein Link hat meistens eine andere Farbe (blau?) als der restliche Text (meist schwarz), ist unterstrichen, und die Maus wird von einem Pfeil zu einer Hand mit ausgestrecktem Zeigefinger, und wir brauchen nur einmal draufklicken (nicht doppelt), um dem Link zu folgen.

Was ist, wenn wir eine Seite besuchen wollen, zu der kein Link aufscheint? Dann können Sie oben in der Adresszeile genau Ihre Domain (Sie erinnern sich? Das mit www.abc...) eingeben.

Sie haben aber keine genaue Internetadresse zur Verfügung, sondern nur ein Schlagwort? Dann erreichen Sie auch Ihre gewünschte Seite nicht. Sie müssen aber nicht verzagen – für dieses Problem gibt es auch eine Lösung, nämlich die Suchmaschinen.

Eine Suchmaschine durchsucht das gesamte (!) World Wide Web nach Ihren Suchbegriffen und zeigt Ihnen die Ergebnisse so an, wie Sie wahrscheinlich für Sie passen. Das heißt – eigentlich durchsucht eine Suchmaschine ständig alle verfügbaren Seiten und kann Ihnen so viel schneller ein Ergebnis geben.

Eine berühmte Suchmaschine kennen Sie bestimmt – richtig, Google. Google ist die größte, bekannteste und womöglich auch die am besten funktionierende Suchmaschine der Welt (21) und ging 1997 mit diesem Namen online (22).

Dass die Praktiken des Datensammelns und -weiterverkaufens von Google nicht jedem gefallen, steht auf einem anderen Blatt und wird an anderer Stelle in

diesem Buch genauer beleuchtet. Weitere bekannte Suchmaschinen sind etwa Yahoo, DuckDuckGo, Ecosia und Bing.
Zum Glück brauchen Sie beim Suchen mit einer Suchmaschine nicht so genau und korrekt wie bei der Eingabe einer Internetseite sein. Eine Suchmaschine verzeiht Tippfehler und leicht falsche Wörter und zeigt Ihnen mit sehr hoher Wahrscheinlichkeit Ihr gewünschtes Ergebnis an. Ich rate Ihnen, einfach jede Arbeit im Internet (wenn Sie sich informieren und etwas suchen wollen) mit einer Suche zu beginnen. Geben Sie Ihre(n) Begriff(e) ein und lassen Sie die Magie wirken! Die Anleitung, wie man im Internet sucht, finden Sie im Kapitel „Internetrecherche".

Den Zugang zum Internet herstellen

Auf den vorangehenden Seiten haben Sie gesehen, was das Internet ist (so in etwa). Die viel wichtigere Frage ist jedoch: Wie komme ich denn jetzt ins Internet?

Mobile Datenverbindung

Die erste – und vielleicht einfachste – Möglichkeit ist der Zugang über die mobile Datenverbindung. Kurz gesagt: Wenn die mobile Datenverbindung auf Ihrem Smartphone eingeschaltet ist, kommen Sie ins Internet. Ganz wichtig dabei ist (nochmal), dass Sie einen passenden Tarif benutzen. Dem Handy ist es egal, ob Sie einen passenden Tarif mit genügend Datenvolumen haben oder nicht: Das

Handy „geht ins Internet“. Der schlechteste Fall könnte eintreten, wenn Sie für jede kleinste Datenmenge relativ viel Geld bezahlen müssten – dann würde Ihre nächste Telefonrechnung bereits mit geringer oder moderater Internetnutzung ein böses Erwachen mit sich bringen.
Ich betone es nochmals gerne: Wenn Sie sich ein Smartphone besorgen, sollten Sie sich im gleichen Atemzug um einen passenden Tarif kümmern! Dabei verweise ich immer auf örtlich niedergelassene Betriebe, ich nenne sie gerne „Handy-Shops“ der großen Tarifanbieter (2021 wären das in Österreich etwa A1, Magenta, Drei), oder an Betriebe, die eine oder mehrere dieser Anbieter im Sortiment haben (Hartlauer, Red Zac, ...). Dort haben Sie echte Menschen stehen oder sitzen, die sich um Ihre Anliegen bezüglich Geräte und Tarife kümmern können. Bei Billigtarifen ist es oft so, dass es keine persönlichen Ansprechpartner in einem Geschäft gibt und viele Dinge nur über Telefon oder E-Mail geregelt werden können.

Wie schalten Sie die mobile Datenverbindung ein?

Über die Schnellsteuerung:
Öffnen Sie die Schnellsteuerung, und suchen Sie das Symbol für die mobilen Daten. Dieses Symbol ist oft ein Pfeil nach oben / Pfeil nach unten – Symbol.

Über die Einstellungen-App:
Diese schaut aus wie ein Zahnrad und ist mit „Einstellungen“ beschriftet. Dort gibt es relativ weit oben

(von Gerät zu Gerät unterschiedlich) den Punkt „Mobilfunknetz / Mobiles Netz“ oder „Verbindungen“. Entweder ist dann in diesem Untermenü schon der Schalter für „Mobile Daten“ zu sehen – und er sollte eingeschaltet sein (farbig, nicht grau), oder es gibt noch ein Untermenü, könnte z.B. „SIM-Kartenverwaltung“ heißen. Über die SIM-Karte wird schließlich die Verbindung zu einem Masten hergestellt, der mir Internet liefert.

Datenroaming:
In den Untermenüs, in denen Sie sich jetzt bewegen, sollte auch der Punkt „Datenroaming“ zu sehen sein. Wenn dieser Schalter auf „Ein“ steht (farbig, nicht grau), dann greift das Smartphone auch im Ausland oder in grenznahen Gebieten auf die mobilen Daten zu. Vorsicht – dabei könnten zusätzliche Kosten entstehen! Klären Sie vor Auslandsreisen / grenznahen Reisen (oder generell) mit Ihrem Mobilfunkbetreiber ab, wie und ob Sie Ihren Internettarif im Ausland nutzen können.
Seit 15. Juni 2017 gilt in der EU „Roam like at home“, was so viel bedeutet wie dass Sie in der gesamten EU Ihren Tarif so nützen können, als wären Sie im Heimatland, wo der Tarif angemeldet wurde. Vorsicht: Billiganbieter bieten diese Möglichkeit oft nicht an – deshalb nochmals der Appell: Prüfen Sie, welchen Tarif Sie haben und ob Ihnen diese Möglichkeit zur Verfügung steht!
Um auf Nummer sicher zu gehen: Schalten Sie das Roaming aus!

Datennutzung:

Android-Geräte haben eine Funktion integriert, die es ermöglicht, das verbrauchte Datenvolumen zu messen. In den Menüpunkten „Mobilfunknetz“ oder „Verbindungen“ gibt es irgendwo den Punkt „Datennutzung“. In diesem Untermenü können Sie folgende Dinge einstellen:

Monatliches Datenvolumen-Limit
- Was soll geschehen, wenn das Limit erreicht wurde? (Mich benachrichtigen / Mobile Daten ausschalten für den Rest des Monats)
- Erinnerung bei einem Prozentsatz oder Schwellwert, wenn dieser erreicht wurde (z.B. bei 80% oder bei 5 von 7 GB)
- Startdatum der Zählung: Hier wird der Tag des Monats eingegeben (oft wird am 1. des Monats mit der Zählung begonnen, bitte im Vertrag überprüfen und einstellen)

Die meisten Mobilfunkbetreiber bieten auch eine eigene App an, wo der aktuelle Datenverbrauch mit Erinnerung kontrolliert werden kann. Zusätzlich – wenn Sie Kunde bei einem von mir empfohlenen Betreiber „mit echter Menschenbetreuung“ sind – können Sie ins Geschäft gehen und sich das dort von den kompetenten Mitarbeitern einstellen lassen.

WLAN

„WLAN gibt es heutzutage schon überall“. Hört sich nicht schlecht an, oder? Im Prinzip stimmt das ja. Wo genau aber ist „überall“? Wirklich überall? Natürlich nicht. Die

korrekte Aussage wäre: „WLAN gibt es heutzutage an sehr vielen Orten“.
Überall – darauf würde mit passender Netzabdeckung eher noch die mobile Datenverbindung zutreffen. WLAN gibt es in privaten Haushalten, in Firmen und Betrieben, an öffentlichen Plätzen, in Cafés, Restaurants, Hotels, Flughäfen, ... die Liste kann beliebig fortgesetzt werden. Der große Unterschied zu der mobilen Datenverbindung, die von den Netzbetreibern zur Verfügung gestellt wird, ist, dass beim WLAN irgendein Mensch oder eine Firma dieses zur Verfügung stellt, der/die sich dazu entschieden hat. Warum macht er/sie das? Damit die Menschen in der Umgebung kostenlos und drahtlos Zugang zum Internet haben: die eigene Familie, die Mitarbeiter, die Kunden, die Gäste und ähnliche.
Alle WLAN-fähigen Geräte, die sich in der Nähe der installierten WLAN-Router befinden, können sich mit diesem WLAN verbinden. Das muss man aktiv machen und geht nicht von selber! Zwei Arten, den Zugang zu erlangen, gibt es. Eine davon ist, sich bei einem „geschützten WLAN“ anzumelden. Dazu brauchen Sie den Namen des Netzwerks und das dazugehörige Passwort.

Wie verbinde ich mich mit einem geschützten WLAN?

Über die Schnellsteuerung:
Öffnen Sie die Schnellsteuerung, suchen Sie das Symbol für WLAN und drücken Sie lange darauf, bis sich das zugehörige Einstellungsmenü öffnet. Das Symbol sieht aus

wie trichterförmige Wellen oder ein Tortenstück aus einer Zielscheibe.

Über die Einstellungen-App:
Diese schaut aus wie ein Zahnrad und ist mit „Einstellungen“ beschriftet. Dort gibt es relativ weit oben (von Gerät zu Gerät unterschiedlich) den Punkt „WLAN“ oder das Menü „Verbindungen“, in dem sich der Punkt „WLAN“ befindet. Tippen Sie auf das jeweilige Wort im Menü, bis Sie darunter eine Liste der sich in der Nähe befindlichen WLAN-Netzwerke sehen können. Beim Wort ganz oben auf dieser Seite, „WLAN“, muss dann auch unbedingt der Schalter auf „Ein“ gestellt sein (farbig, nicht grau).
Wählen Sie das richtige Netzwerk aus, indem Sie auf den Namen des Netzwerks tippen. Den Namen und das Passwort des Netzwerks bekommen Sie von der Person, die das WLAN besitzt (Wohnungseigentümer, Rezeption, Sekretariat, ...).
Es erscheint das Eingabefeld für das Passwort: Geben Sie das Passwort korrekt ein (achten Sie sehr genau auf Groß- und Kleinschreibung!). Wenn man ein Passwort eingibt, erscheint das passende Zeichen nur kurz und verwandelt sich dann in eine schwarze Kugel, damit es eine nebenstehende Person nicht so leicht lesen kann.
Manche Geräte haben am Ende der Passwortzeile ein durchgestrichenes Auge oder eine Häkchenbox unter der Zeile benannt mit „Passwort anzeigen“. Tippen Sie darauf, und das Passwort ist lesbar, ohne dass es zur Kugel wird.

Das hilft enorm dabei, dass man sich nicht vertippt, was besonders bei zufällig erstellten Passwörtern hilft. Es sollte auch der Punkt „Automatisch verbinden“ angehakt sein, falls dieser Punkt dort angezeigt wird.
Nach der richtigen Eingabe des Passwortes befindet sich weiter unten am Bildschirm (möglicherweise durch die Tastatur verdeckt) der Knopf „Verbinden“.
Dort tippen Sie und warten, bis am folgenden Bildschirm unter dem Netzwerknamen „Verbunden“ steht. Wenn nicht „verbunden“ steht, wurde das Passwort falsch eingegeben und muss nochmals eingegeben werden. Herzlichen Glückwunsch – Sie sind erfolgreich mit einem geschützten WLAN verbunden!
Noch besser: Sie brauchen sich um dieses Netzwerk keine Gedanken mehr zu machen. Wenn Sie mit Ihrem Gerät in die Nähe dieses WLANs kommen, verbindet es sich automatisch, insofern Ihre WLAN-Funktion eingeschaltet ist (Schnellsteuerung öffnen – kontrollieren ob das WLAN-Symbol leuchtet).

TIPP: WLAN und mobile Datenverbindung (wenn Sie einen passenden Tarif haben) immer eingeschaltet lassen, dann haben Sie immer eine Verbindung ins Internet, ob Sie nun mit einem WLAN verbunden sind oder nicht.

Der Stromverbrauch bei eingeschalteten und nicht benutzten Diensten ist vernachlässigbar, dieser kommt erst zum Tragen, wenn Sie die Verbindungen aktiv länger nutzen.
Es wird noch besser: WLAN ist für das Gerät selbst immer kostenlos, da es keine Möglichkeit gibt, über diese Verbindung abzurechnen. Im Gegensatz zu den mobilen Daten, wo das Gerät weiß, dass diese immer über einen Tarif (ob mit genug Datenvolumen oder nicht versehen) abgerechnet werden. Deshalb greift das Gerät immer zuerst auf WLAN zu, wenn beide Verbindungen (WLAN und mobile Daten) gleichzeitig zur Verfügung stehen. Wie praktisch!

Wie verbinde ich mich mit einem offenen/ungeschützten WLAN?

Über die Schnellsteuerung:
Öffnen Sie die Schnellsteuerung, suchen Sie das Symbol für WLAN und drücken Sie lange darauf, bis sich das zugehörige Einstellungsmenü öffnet. Das Symbol sieht aus wie trichterförmige Wellen oder ein Tortenstück aus einer Zielscheibe:

Über die Einstellungen-App:
Diese schaut aus wie ein Zahnrad und ist mit „Einstellungen“ beschriftet. Dort gibt es relativ weit oben (von Gerät zu Gerät unterschiedlich) den Punkt „WLAN“ oder das Menü „Verbindungen“, in dem sich der Punkt

„WLAN“ befindet. Tippen Sie auf das jeweilige Wort im Menü, bis Sie darunter eine Liste der sich in der Nähe befindlichen WLAN-Netzwerke sehen können. Beim Wort ganz oben auf dieser Seite, „WLAN“, muss dann auch unbedingt der Schalter auf „Ein“ gestellt sein (farbig, nicht grau).
Wählen Sie das richtige Netzwerk aus indem Sie auf den Namen des Netzwerks tippen. Den Namen des Netzwerks bekommen Sie von der Person, die das WLAN besitzt (Wohnungseigentümer, Rezeption, Sekretariat, ...).
Diesmal ist kein Passwort einzugeben, es erscheint nach wenigen Sekunden sofort die Bestätigung „Verbunden“. Lassen Sie sich davon nicht täuschen – es fehlt noch ein Schritt!
Bevor Sie die Internetverbindung nutzen können, müssen Sie die Verbindung noch bestätigen. Sobald Sie verbunden sind, erscheint die Benachrichtigung „Im WLAN-Netz anmelden“ mit WLAN-Symbol und einem Fragezeichen daneben. Tippen Sie auf diese Benachrichtigung und bestätigen Sie ganz unten mit „Verbinden“ und/oder „Zustimmen“. Eventuell ist es noch notwendig, eine Datenschutzerklärung oder ähnliches anzuhaken. Jetzt ist es geschafft – Sie können das freie WLAN nutzen!

Wo und wann melde ich mich in einem WLAN an? Überall wo es nur geht? Das würde ich nicht empfehlen. Als Beispiel die WLAN-Netzwerke, bei denen ich angemeldet bin: zu Hause, im Büro, bei meinen Eltern, bei meinem mobilen WLAN-Router, den ich unterwegs zum Arbeiten und für Kunden mithabe. Wenn ich auf Urlaub oder sonst

auf Reisen bin, melde ich mich im Hotel-WLAN an. Das war´s dann auch schon.
Aus Sicherheitsgründen sollten Sie sich nur bei WLANs anmelden, die Sie auch kennen oder sehr dringend benötigen – ansonsten benutzen Sie bitte sparsam Ihre mobile Datenverbindung oder eben kein Internet, falls das nicht möglich ist. Man weiß schließlich nie, ob fremde Netzwerke und die dahinterstehenden Personen etwas Böses mit Ihnen oder Ihren Daten vorhaben.
Stichwort: Führen Sie keine Bankgeschäfte online in fremden Netzwerken durch!

Internetrecherche

Im Internet nach Informationen zu suchen stellt eine Funktion dar, deren Relevanz gar nicht groß genug angesehen werden kann.
Ganz ehrlich – Sie halten mit dem Smartphone und einer aufrechten Internetverbindung im wahrsten Sinne des Wortes die ganze Welt in Ihren Händen! Wenn es nach mir ginge, wäre DAS die Nummer-eins-Anwendung am Smartphone. Simple und einfache Wissensvermehrung. Ich nenne die Internetrecherche auch gerne eine der Säulen, auf der unsere Smartphonenutzung steht. Andere Säulen wären dann noch etwa die moderne Kommunikation über Messenger-Dienste (WhatsApp, Signal, Facebook-Messenger und ähnliche), die Navigation über z.B. Google Maps und im Allgemeinen die ganze Welt der Apps um sein Smartphone bestmöglich auf die eigenen Bedürfnisse anzupassen.

Wir werden uns in diesem Buch mit der bekanntesten und vermutlich besten Suchmaschine auseinandersetzen – Google. Google wurde Ende der 1990er-Jahre gegründet und ist schon seit langem der Marktführer bei den Suchmaschinen (21) (22). Google durchsucht alle erreichbaren Webseiten und legt im Hintergrund ein Verzeichnis („Indexierung“) davon an (Stichworte, Bilder, Inhalte, ...). Wenn wir dann nach einem Begriff suchen, braucht Google nicht mehr auf die Suche gehen, sondern greift einfach auf das vorhandene Verzeichnis zurück und zeigt uns relevante Ergebnisse. Was aber ist relevant für uns? Google arbeitet mit einem geheimen „Algorithmus“ und berechnet für uns, was wir wohl am interessantesten finden oder was wir tatsächlich suchen – ausgehend von unserem Alter, Staatszugehörigkeit, Standort, bisherigen Suchen und ähnlichen Metadaten (23). Das führt dazu, dass wenn wir zum Beispiel nach einer Pizzeria suchen, automatisch nicht Pizzerien in Rom oder Mailand angezeigt werden, sondern welche in unserer Umgebung.

Google-Suche starten

Im Kapitel mit den ersten Begriffen im Internet habe ich Ihnen bereits geraten, Ihre „Arbeit“ im Internet stets bei einer Suchmaschine beginnen zu lassen. Wo finden Sie aber den Startpunkt bei Ihrer Suchmaschine? Hier gibt es mehrere Möglichkeiten:

Die Google-App:

Ja, dieser Tipp war einfach. Doch wo ist die Google-App? Sie wissen, eine App ist immer ein einzelnes Feld auf dem Startbildschirm oder in Ihrer App-Schublade. Die Google-App liegt bei Ihnen möglicherweise schon auf dem Startbildschirm, oder auf dem Startbildschirm im Google-Ordner (da hat Ihr Handy automatisch Apps zusammengefasst, die von der Firma Google stammen), oder in der App-Schublade, wenn Sie die haben, oder vielleicht auch dort im Google Ordner.

Die Google-App sollte wie ein buntes „G“ auf weißem Grund aussehen. Merken Sie sich, wo sich diese bei Ihnen befindet oder wenn Sie können, platzieren Sie die App auf Ihrem Startbildschirm – Sie werden sie ab jetzt häufiger brauchen. Die Google-App zeigt Ihnen die Suchzeile und darunter Artikel und Seiten, die Sie interessieren könnten. Tippen Sie nach dem Öffnen der App in die Mitter der erscheinenden Suchzeile, und die Suche kann beginnen. Beim iPhone wird die Google-App nicht vorinstalliert sein – diese müssen Sie selber installieren. Mehr zum Installieren unter „Eine App installieren“.

Der Google-Balken / das Google-Widget:

Auf vielen Geräten mit dem Android-Betriebssystem (beim iPhone nicht vorhanden und auch nicht einstellbar) ist der Google-Balken schon auf einem der Startbildschirme als Widget installiert.

Wir wissen ja schon: Bei einem Widget kann ich sofort auf dem Startbildschirm eine relevante Eingabe tätigen. Der Google-Balken bietet meistens drei direkte Eingabemöglichkeiten an: Ganz links befindet sich das

bunte „G“, dann kommen Sie direkt in die Google-App wie schon im Absatz zuvor besprochen.
Wenn Sie in die Mitte des Balkens tippen (meine bevorzugte Wahl), öffnet sich sofort die Google-Suche und Sie können beginnen, Ihren Suchbegriff einzugeben. Ganz rechts am Balken befindet sich ein buntes Mikrofon, mit dem Sie Ihren Suchbegriff nicht schreiben brauchen, sondern direkt ins Gerät sprechen können (dazu später mehr).

Direkt im Internet-Browser:
Ich habe in einem vorherigen Kapitel schon kurz beschrieben, was ein Browser ist. Das ist eine Anwendung, mit der Sie sich im Internet bewegen. Warum also nicht auch dort den ersten Schritt Ihrer Internetrecherche setzen? Öffnen Sie den Browser Ihrer Wahl (Google Chrome, Safari, Samsung Internet, ...) und ganz oben im Browser befindet sich immer die „Adresszeile“, in der die aktuelle Adresse sichtbar ist, an der Sie sich jetzt befinden. Damit ist weder Ihre Wohnadresse gemeint, noch wo Sie sitzen oder stehen, sondern natürlich die Internetadresse. Wenn Sie auf meiner Seite sind, wird dort www.handykurse.at/shop oder ähnliches stehen. Browser-Anwendungen haben seit langem folgende Funktion eingebaut: Tippen Sie mitten in die Adresszeile, dann ist dort der gesamte Text farblich hinterlegt. Das bedeutet, dass wenn Sie jetzt zu schreiben beginnen (Ihren Suchbegriff), dass dieser dort erscheint. Tippen Sie dann auf Ihrer Tastatur auf die Suchen- oder Eingabetaste (die sollte sich auf der Tastatur rechts unten befinden), und die

voreingestellte Suchmaschine wird gestartet! Ich schreibe extra „voreingestellte Suchmaschine“, weil das je nach benutztem Browser oder Betriebssystem nicht unbedingt Google sein muss. Aber ganz egal, welche Suchmaschine verwendet wird, das Ergebnis wird immer ähnlich aussehen und Sie höchstwahrscheinlich zufriedenstellen.

Suchbegriff eingeben

Sie wissen jetzt, wie Sie zu Ihrer Suchmaschine kommen. Am besten, Sie merken sich Ihren bequemsten Weg und benutzen diesen von nun an.

Doch was sollen wir suchen? Wie gebe ich eine Suche ein? Ganz einfach: „So viel wie nötig und so wenig wie möglich“. Ja, das hört sich jetzt sehr schlau an. Was bedeutet das? Suchen Sie GENAU DAS, was Sie im Kopf haben. Nicht mehr, nicht weniger. Keine Überbegriffe oder übergeordnete Kategorien. Beispiele gefällig?

Wenn Sie ein Graz sind und ein Gasthaus in Schladming suchen, geben Sie „gasthaus schladming“ ein. Nicht nur „gasthaus“ – denn sonst werden Ihnen Gasthäuser in Graz angezeigt. Google weiß, wo Sie sind! Es gibt Möglichkeiten, diese Auffindbarkeit zu verhindern oder einzuschränken, darauf möchte ich hier aber nicht eingehen. Für eine optimale Nutzung (deshalb gibt es dieses Buch) sollten Sie die Standorterkennung zulassen.

Wenn Sie die Telefonnummer vom „Gasthaus Schneeglück“ (erfundener Name, Ähnlichkeiten sind zufällig) brauchen, schreiben Sie „gasthaus schneeglück

schladming telefonnummer“ oder nur „gasthaus schneeglück schladming“.
Warum auch ohne „Telefonnummer“? Weil bei einem spezifischen Suchergebnis die Telefonnummer mit sehr hoher Wahrscheinlichkeit dazu angezeigt wird.
Bei öffentlichen Orten (Lokale, Geschäfte und ähnliches) tragen die Eigentümer der jeweiligen Seiten normalerweise die wichtigen Informationen bei Google ein, damit diese besser angezeigt werden. Unter „Überblick“ werden Ihnen sofort mit runden Symbolen vorgeschlagen: Anruf, Route (zum Navigieren und Anzeigen des Standorts), Speichern und die Webseite. Darunter wird Ihnen eine kleine Karte mit dem Standort angezeigt und vielleicht auch die Öffnungszeiten (inklusive „Geöffnet“ oder „Geschlossen“ je nach Tageszeit und Wochentag, an dem Sie suchen).
Wenn Sie ein Rezept für „Apfelstrudel“ im Internet suchen wollen, geben Sie „rezept apfelstrudel“ ein. Wenn Sie nur „apfelstrudel“ eingeben, erhalten Sie allerlei Informationen dazu (Geschichte, Bilder, Herkunft, ...) – wahrscheinlich auch ein paar Rezepte. Wenn Sie aber direkt „rezepte“ hinzufügen, werden Ihnen auch nur Rezepte angezeigt! Drehen wir den Spieß um und Sie suchen nur „rezepte“ – dann wird Ihnen alles Mögliche an Rezepten angezeigt und Sie werden Mühe haben, einen Apfelstrudel zu finden.
Ist Ihnen aufgefallen, dass ich die Suchbegriffe alle mit Kleinbuchstaben geschrieben habe? Natürlich ist Ihnen das aufgefallen. Das war Absicht – sparen Sie sich beim Suchen im Internet die Großbuchstaben. Die Suchmaschinen werten Ihre Begriffe nach den zusammenhängenden Buchstaben aus, nicht nach

Rechtschreibung. Sie könnten (dürften) sogar Fehler einbauen! Ich weiß, ich sollte das nicht schreiben, aber bei einer Suche können Sie weniger auf Rechtschreibung, Grammatik und Satzbau achten als z.B. bei einer Textnachricht. Niemand wird Ihre Suchbegriffe sehen und Sie als Mensch danach bewerten – bei Textnachrichten oder E-Mails ist dies leider schon der Fall! Auch wenn Sie nicht wissen, wie ein Suchbegriff geschrieben wird – die Suchmaschine wird wissen, was Sie wirklich gemeint haben.

Vorschläge nutzen

Mehrmals habe ich schon angemerkt, dass Google weiß, was wir wahrscheinlich suchen. Aufgrund unserer Metadaten (bisherige Suchen, aufgerufene Webseiten, Standorte, ...) rechnet Google im Hintergrund und zeigt uns passende Suchergebnisse an (23).

Stellen Sie sich vor, Sie suchen nach „gasthaus“ und es werden Ihnen alle Gasthäuser in Deutschland, Österreich und der Schweiz angezeigt? Oder die die beliebtesten in in allen drei Ländern? Das würde wohl kaum für die aktuelle Suche zufriedenstellend sein.

Und Google denkt mit, während Sie noch schreiben. Wenn Sie jetzt z.B. in Graz sind und ein Gasthaus suchen, brauchen Sie wahrscheinlich nicht viel tippen. Wenn ich bei mir „gas“ eingebe, werden mir schon unterhalb der Suchzeile Vorschläge (Gasthaus ...) angezeigt, die passen könnten.

Seien Sie wachsam und lesen Sie nach jedem Buchstaben (oder zumindest immer nach ein paar Buchstaben) die Vorschläge durch. Sie werden sehen, Ihr gewünschtes Ergebnis wird gleich aufscheinen. Um die Suche danach zu starten, tippen Sie einfach in die Mitte auf das Wort. Es kann aber auch sein, dass der Vorschlag passt, aber es fehlt noch etwas hintendran?
Dann tippen Sie auf den schrägen Pfeil am Ende der Vorschlag-Zeile. Dieser Pfeil zeigt nach links oben. Es wird Ihnen der gewünschte Vorschlag in die Zeile kopiert und Sie können sofort danach weiterschreiben. Sie müssen dabei sehr gezielt drücken – wenn Sie den Suchbegriff antippen, wird die Suche gestartet!
Google merkt sich ja auch, was wir bereits gesucht haben. Nutzen Sie dies – häufig besuchte Suchbegriffe befinden sich dann bereits in den Vorschlägen, auch wenn Sie noch keinen einzigen Buchstaben eingegeben haben. Ähnlich verhält es sich, wenn Sie nur einen oder zwei Buchstaben eines häufig gesuchten Begriffes schreiben: Dann tauchen Ihre häufig gesuchten Begriffe mit diesen Buchstaben sofort in den Vorschlägen auf. Das ist sehr komfortabel nutzbar!

Suchergebnis bewerten und Seiten auswählen

Immer, wenn Sie eine Suche starten (Suchmaschine im Internet, auf YouTube, App-Installation), bekommen Sie ein Ergebnis mit vielen Einträgen. Dieses Ergebnis müssen Sie bewerten – Sie können ja nicht alles auf einmal anschauen. Da gibt es ein paar Dinge, auf die Sie achten können. Das Google-Suchergebnis beginnt ganz oben eventuell mit Werbung – das braucht Sie aber nicht abzuschrecken. Die Werbung ist sichtbar, weil daneben „Anzeige“ steht. Das bedeutet, ein Unternehmen muss dann dafür zahlen, wenn Sie auf diese Anzeigen draufklicken. Sie als Nutzer müssen nichts bezahlen! Google ist für den Endverbraucher (Sie) immer kostenlos! Nach maximal drei Anzeigen wird Ihnen das organische Suchergebnis angezeigt. Beliebte Seiten mit gutem Inhalt (Google analysiert das im Hintergrund) werden zuerst angezeigt. Das heißt: Was immer Sie suchen, Google zeigt Ihnen zu diesem Thema eher beliebte, interessante, gute Seiten. Und das ist doch das, was Sie wollen, oder? Das heißt im Umkehrschluss aber auch: Je weiter Sie nach unten schauen müssen, um ein passendes Ergebnis zu finden, desto eher schwindet die Wahrscheinlichkeit, *dass* Sie es finden.

TIPP: Wenn Sie Ihr passendes Ergebnis nicht auf der ersten Seite der Suche oder sogar in den ersten drei bis fünf Suchergebnissen gefunden haben, haben Sie wahrscheinlich falsch gesucht!

Geben Sie den Suchbegriff erneut ein – diesmal vielleicht etwas genauer oder umgekehrt etwas weitläufiger.

Suchergebnisse ansehen

Ein anklickbares Ergebnis erscheint dabei immer mit einer Überschrift in Blau und darunter mehr Begleittext in Schwarz.
Die blauen Überschriften werden „Links“ genannt (engl. für „Verbindungen“). Ein blauer Link ist klickbar und führt zu der beschriebenen Webseite. Der schwarze Begleittext ist nicht klickbar und führt auch nirgendwo hin. Wenn Sie eine Webseite über einen Link schon mal besucht haben, erscheint er in Violett. Das erleichtert Ihnen zu unterscheiden, ob Sie nochmals draufklicken sollen. Nach dem Klick auf einen Link sind Sie bereits im Browser und navigieren – surfen – im Internet. Wie navigieren Sie weiter? Lesen Sie die Webseite nach Belieben durch und klicken Sie auf weitere Links, die Sie weiterführen. Sollte Ihnen eine Seite nicht passen, drücken Sie die Zurück-Taste auf Ihrem Gerät, dann kommen Sie auf die Seite, auf der Sie zuvor waren.

Eine neue Suche starten

Sie haben genug von der Suche zu einem bestimmten Begriff? Schließen Sie die Suche mit der Home-Taste, und Sie gelangen wieder auf den Startbildschirm. Wenn Sie eine neue Suche beginnen wollen, öffnen Sie wieder Ihre Google-Anwendung wie bereits oben beschrieben. Es wird Ihnen entweder sofort ein neues Suchfenster geöffnet, oder die letzte Suche. Bei der letzten Suche tippen Sie in die bereits gefüllte Suchzeile und dann rechts am Ende der Zeile auf das kleine „X“. Der letzte Begriff wird gelöscht, und Sie können mit einem neuen Begriff die Suche starten! Wenn Sie die Suche ohnehin im Browser starten: Tippen Sie einfach wieder in die Adresszeile und geben Sie einen neuen Begriff ein.

Cookies

Tja, die Cookies. Ich mag Kekse, aber halt die in echt. Ein Cookie ist eine kleine Information (Daten), die über den Benutzer (uns) gespeichert wird (24). Welche Daten sind das? Etwa Identifizierung des Benutzers für spätere Anmeldung auf der Seite oder Webtracking von Benutzern. Das hört sich jetzt sehr technisch an – und das ist es auch. Leider ist es notwendig, bei fast allen Seiten im Internet eine Zustimmung zu geben, dass wir die Cookies akzeptieren. Ohne eine Zustimmung können wir diese Seiten leider nicht ansehen.

Was machen wir also? Das Handy laut schreiend aus dem Fenster werfen? Soweit brauchen Sie nicht zu gehen. Sie sollten wissen, dass Cookies keine unmittelbare Gefahr für uns darstellen. Wenn Sie dem Thema „Datenschutz" eher entspannt gegenüberstehen, klicken oder tippen Sie einfach auf „Alle akzeptieren" bzw. immer den bunten Knopf, der dort erscheint und uns ins Gesicht springt. Das ist die bequeme Art und Weise, Cookies handzuhaben. Falls Ihnen Datenschutz doch etwas bedeutet (sollte es in gewisser Art und Weise), dann klicken Sie auf „Nur notwendige" oder „Nur essentielle" (falls sichtbar). Dieser Knopf ist ganz sicher immer NICHT farbig dargestellt, damit wir ihn übersehen und nicht nutzen. Dann werden nur die Cookies gespeichert, die absolut notwendig sind – ohne die können Sie die Seite ohnehin nie ansehen. Wenn Sie auch die nicht wollen – müssen Sie die Seite verlassen. Falls dieser Knopf für „Nur notwendige“ nicht sichtbar ist, gibt es auf jeden Fall einen Knopf mit „Einstellungen“. Tippen Sie dort drauf, und dort können Sie dann unter den vielen Einstellungen (ich weiß, das ist kompliziert, langweilig und nervig) die notwendigen Cookies auswählen und auf „Speichern“ tippen.

Google-Sprachsteuerung

Dass Google eine hervorragende Suchmaschine ist und uns wertvolle Dienste leistet, haben Sie inzwischen kennengelernt.
Das Tippen einer Suche kann aber anstrengend sein – so wie eigentlich immer das Tippen auf einer kleinen Tastatur mühsam sein kann. Auch da hilft Google uns weiter – mit der Google Sprachsteuerung bzw. dem Google Assistant (engl. für „Assistent“). Auf dem Google-Balken haben Sie wie bereits beschrieben ganz rechts das bunte Mikrofon. Ansonsten erscheint das Mikrofon auch in der Suchzeile, wenn Sie Ihre Google-App öffnen.
Wie funktioniert die Sprachsuche nun? Tippen Sie einfach auf dieses bunte Mikrofon. Es ertönt ein Signal, ein paar bunte Punkte bewegen sich und es steht „Jetzt sprechen“ am Bildschirm. Jetzt ist es an der Zeit, Ihren Suchbegriff zu sprechen (sagen Sie bitte nicht „jetzt sprechen“, denn das wäre dann auch ein Suchbegriff). Warten Sie eine

Sekunde, und das Suchergebnis wird Ihnen angezeigt, so als ob Sie es geschrieben hätten.
Ein paar Tipps für die Sprachsuche: Die Suche funktioniert umso besser, wenn Sie echte Wörter in einer echten Sprache sagen. Google kennt viele Wörter, glauben Sie mir, und wird mit der Zeit immer besser. Sprechen Sie, wenn es geht, nach der Schrift und deutlich. Dialekt wird wahrscheinlich eher nicht verstanden. Wundern Sie sich nicht, wenn Orte oder Namen nicht gefunden werden, da diese oft keine Wörter in einer Sprache sind, sondern Kunstwörter. Zwei Beispiele: Mein Geburtsort „Graz“ und mein Nachname „Kreim“ sind im Grunde Kunstwörter und keine echten Wörter in einer Sprache. Wobei „Graz“ bei Google sicher bekannt ist und mit der Sprachsuche sicher sehr gut gefunden wird.

Eine App installieren

Ein wichtiges Prinzip der Smartphone-Nutzung ist die Personalisierung Ihres Geräts. Das heißt, Sie allein bestimmen, wie Ihr Gerät aussieht und welche Zusatzfunktionen es bekommt. Man vergisst das leicht: Früher waren Geräte mit einem bestimmten Funktionsumfang ausgestattet, der nicht erweitert werden konnte. Erst Personal Computer (PCs) mit Ihren Programmen schafften da schon recht früh Abhilfe. Kleinere, speziellere Produkte kaufte man aber trotzdem oft wegen Ihres spezifischen Umfangs an Leistungen und Funktionen.

Moderne Smartphones können heute aber fast alle das gleiche – (fast) unabhängig vom Preis! Rund um das Jahr 2021 hat die Ausstattung von Smartphones eine Art (zumindest zwischenzeitliches) Plateau erreicht. Sie sind technisch recht ähnlich ausgestattet und unterscheiden sich oft nur in Details und hauptsächlich in der Qualität der verwendeten Technik. Das heißt, bei manchen Smartphones (bei den teureren) geht alles wahrscheinlich schneller, runder, besser, qualitativ hochwertiger.

Neben Grundfunktionen wie WLAN, Bluetooth, NFC, Sensoren und ähnlicher Ausstattung sind es vor allem die verwendeten Apps, die zu einem personalisierten Erlebnis beitragen. Jede erdenkliche Funktion, die Sie sich nur vorstellen können, wurde sehr wahrscheinlich schon in eine App verpackt – Sie brauchen Sie nur zu installieren! Wie das funktioniert, zeige ich Ihnen auf den folgenden Seiten.

Play Store / App Store öffnen

Um eine neue App installieren zu können, brauchen Sie eine eigene App, die das kann. Hört sich jetzt komisch an – ist aber so. Das Betriebssystem Ihres Smartphones bringt auf jeden Fall zumindest einen sogenannten „App-Store“ mit. Entweder den des Herstellers selbst, oder noch besser, (auch) den von Google bzw. von Apple. Der von Google heißt „Google Play“ oder „Play Store“ und hat das Symbol eines bunten Dreiecks, das mit einer Spitze nach rechts zeigt – das internationale „Play“ (also „Abspielen“) – Zeichen. Der von Apple ist eine Art weißes Dreieck in Form eines „A“ auf hellblauem Grund. Google und Apple bieten mit dieser App Programmierern eine Plattform, auf der sie Apps anbieten können.

Die Nutzer sind dann wir: Wir laden beliebige Apps einfach runter und bezahlen (falls kostenpflichtig) über das jeweils integrierte Bezahlsystem. Ihr App-Store befindet sich bei Ihnen entweder schon am Startbildschirm oder Sie finden ihn in Ihrer App-Schublade. Tippen Sie drauf – und eine bunte Übersicht an Apps wird Ihnen angezeigt.

Eine App suchen

App Stores beinhalten alle möglichen Anwendungen und Inhalte, die kostenlos oder kostenpflichtig erhältlich sind. Um die Dienste eines App-Stores in Anspruch nehmen zu können, müssen Sie eine Google- bzw. iCloud-Anmeldung (Apple-ID) angelegt haben – mehr dazu im dazugehörigen Kapitel weiter vorne im Buch.

Im Google Play Store haben Sie ganz unten vier Reiter, die Ihnen die Kategorien anzeigen: Spiele, Apps, Filme/Serien und Bücher. Musik wird hier nicht angeboten, dieser Dienst wurde von Google Music auf YouTube Music übertragen. Standardmäßig wird Ihnen der erste Reiter „Spiele“ angezeigt, weshalb auch alles recht quietschbunt und im Comic-Stil daherkommt. Lassen Sie sich davon nicht irritieren: Sie können unten den zweiten Reiter „Apps“ auswählen, dann werden Ihnen verschiedenste Apps vorgeschlagen. Noch einfacher ist es aber, wenn Sie gleich oben mitten in die Suchzeile tippen, dort steht in grau „Nach Apps und Spielen suchen“. Tippen Sie nicht auf die drei Balken oder Ihr Profilbild – dort sind andere, weiterführende Informationen versteckt, die jetzt nicht von Belang sind. Mitten in die Zeile tippen, und die Suchfunktion öffnet sich.
Im App-Store von Apple haben Sie unten mehrere Reiter, und davon der ganz rechte heißt „Suchen“. Tippen Sie dort und dann in die erscheinende Suchzeile.

Geben Sie Ihren Suchbegriff ein und achten Sie unterhalb wie bei der Google-Suche auf passende Vorschläge. Tippen Sie auf den passenden Vorschlag, sobald Sie ihn sehen, oder schließen Sie die Suche auf der Tastatur rechts unten mit dem „Suchen“-Knopf (kann auch wie eine Lupe aussehen) ab. Es wird Ihnen ein Suchergebnis angezeigt.

Suchergebnis bewerten und App auswählen

Wie immer nach einer Suche: Was müssen wir jetzt machen? Richtig, das Suchergebnis bewerten. Die Programmierung des App Stores zeigt uns ein Ergebnis an (noch dazu mit vielen Einträgen!), doch es liegt an uns zu entscheiden, welche App wir nun installieren. Drei Größen sind hier für uns interessant: die Bewertungen, die Anzahl der Downloads und der Preis.

Die Bewertungen sind eine Zahl von eins bis fünf mit einer Nachkommastelle. Als Nutzer haben auch Sie die Möglichkeit zu bewerten, wie gut Ihnen eine App (von 1 bis 5 Sterne sind möglich) gefällt. Je höher die Bewertung an „fünf" heranreicht, desto besser hat Sie anderen Nutzern gefallen – und desto eher wird Sie wahrscheinlich auch Ihnen gefallen. Alles über einem Wert von 4,0 halte ich dabei schon für sehr gut. Apple zeigt mit der Zahl neben den Sternen auch an, wieviele Bewertungen in das Ergebnis einfließen.

Die Anzahl der Downloads zeigt Ihnen, wie oft die App schon heruntergeladen wurde. Das zeugt von einer gewissen Bekanntheit oder Wichtigkeit, weil sie viele haben wollen. Ob die App dann gut ist oder nicht, bleibt herauszufinden, aber immerhin haben bereits möglicherweise sehr viele Nutzer entschieden, dass sie genau diese App ausprobieren wollen oder gar dringend brauchen.

Einer der wichtigsten Punkte bei der Beschaffung einer App ist, ob sie uns etwas kostet. Hierbei gibt es verschiedene Modelle. Eine App kann kostenlos sein oder gleich beim Herunterladen etwas kosten. Den Kaufpreis

sehen Sie bei jeder App direkt neben der Beschreibung – das wird nicht verheimlicht!
Kostenlose Apps enthalten keine Preisangabe – also nicht 0 Euro, sondern gar nichts. Eine App kann aber auch kostenlos sein durch einen verminderten Leistungsumfang. Das kann man als abgespeckte Probeversion verstehen. Wenn Ihre gewünschten Funktionen gratis enthalten sind – Bingo! Dann haben Sie auch keine weiteren Kosten. Allerdings ist es oft so, dass besonders praktische oder tolle Funktionen dann in der App kaufbar sind – das nennt man „In-App-Käufe“. Zur Abrechnung mehr unter „Installieren und Kontoeinrichtung abschließen“.
Eine Überlegung kann ich Ihnen mit auf den Weg geben: Wie oft kauft man irgendeinen Blödsinn um ein paar Euro in einem Geschäft? Das kommt vor, oder? Trotzdem haben viele von uns das Gefühl, dass es ausgeschlossen ist, ein paar Euro für eine wirklich nützliche App auszugeben, auch wenn es nur drei, vier oder fünf Euro sind. Das Smartphone soll Ihnen nützen – und da könnten ein paar kleine Euro ab und zu einen großen Unterschied machen.

Oft ist es so, dass wir aber gar nicht selbst entscheiden müssen, welche App wir wählen wollen. Wenn Sie eine App von einem Bekannten oder einem Familienmitglied empfohlen bekommen, fällt dieser Entscheidungsprozess vollständig weg. Sprechen Sie mit Menschen: Welche App benutzt du? Kannst du zu diesem Thema eine App empfehlen?

Suchen Sie sich eine App aus, indem Sie mittig auf sie drauftippen. Es wird Ihnen die Beschreibung der App angezeigt und einige Bilder, die die Entscheidung noch erleichtern können. Sie können auf dieser App-Einzelseite weiter unten auch noch Rezensionen lesen.

Installieren und Kontoeinrichtung abschließen

Auf dieser App-Einzelseite finden Sie ganz prominent farbig (grün) den „Installieren"-Knopf. Wenn Sie bereit für die Installation sind, tippen Sie dort drauf. Bei Apple ist dieser Knopf blau und heißt „Laden".

Google wird Sie eventuell darum bitten, Ihre Kontoeinrichtung abzuschließen und eine Zahlungsmethode bekanntzugeben. Das ist ein typischer Zeitpunkt, wo meine Kunden genug haben und das Handy aus dem Fenster werfen. Natürlich nicht wörtlich genommen – aber es bestärkt einen in dem Glauben, alles und jeder will nur Ihr Geld haben. Google schlägt verschiedene Zahlungsmethoden vor, die ausgewählt werden können: über die Telefonrechnung, Sie können eine Kredit- oder Debitkarte, eine paysafecard, PayPal oder eine Gutscheinkarte hinzufügen („Code einlösen"). Wenn Sie keines davon nutzen wollen – und dazu rate ich vorerst – müssen Sie keines davon auswählen. Das ist aber nicht möglich, da ein Punkt ausgewählt sein muss! Abhilfe schafft da genaues Lesen: Unten rechts befindet sich der grüne Knopf „Weiter", mit dem Sie die ausgewählte Zahlungsmethode bestätigen. Bitte dort nicht tippen!

Schwenken Sie Ihren Blick nach links unten – dort steht, in Weiß gehalten und somit weniger prominent auf einem Knopf „Überspringen". Da haben Sie Ihre Lösung: Tippen Sie auf „Überspringen", und keine der Zahlungsmethoden wird gewählt. Sie können dann nur Apps und Dienste nutzen, die kostenlos sind – und das wollen die meisten von uns!
Apple verlangt von uns, dass wir uns authentifizieren. Das kann mittels Apple-ID, Fingerabdruck oder Gesichtserkennung geschehen. Folgen Sie den Anweisungen.

Zahlungsinformationen bekannt zu geben, ist für viele von uns unangenehm. Da manchmal aber Apps wirklich gut und nützlich sind, oder das Kind / Enkelkind in einem Spiel ein paar Goldmünzen zum Vorankommen kaufen will (oder Sie selbst?), bietet sich an, auf die am wenigsten schmerzliche und am leichtesten kontrollierbare Option zurückzugreifen: die Google Play Guthaben- / Gutscheinkarte bzw iTunes-Gutscheinkarte. Diese Karten gibt es typischerweise an der Kassa von Supermärkten zu kaufen (neben vielen anderen Gutscheinkarten für Modehäuser, Streaming-Dienste und vieles mehr).
Kaufen Sie so eine Karte und laden Sie damit ein Guthaben auf. Sie finden die Auflade-Möglichkeit in Ihrer Google Play App (dort wo wir gerade sind um eine App zu installieren). Öffnen Sie das Drei-Balken-Menü links oben, tippen Sie auf Ihr Profilbild oder wischen Sie vom linken Rand in die Mitte des Bildschirms (von Gerät zu Gerät unterschiedlich). Es erscheint ein Menü mit den Punkten

„Meine Apps und Spiele“, „Benachrichtigungen“, und weiter unten „Konto“ und „Zahlungsmethoden“. Tippen Sie auf „Zahlungsmethoden“. Dort können Sie wie zu Beginn schon eine der vorgeschlagenen Zahlungsmethoden wählen – tippen Sie auf „Code einlösen“ und folgen Sie den Anweisungen.
Am iPhone wählen Sie zum Aufladen im App Store den Reiter „Heute“ und tippen dann auf Ihr Foto am oberen Bildschirmrand (oder die Büste, wenn Sie kein Foto haben). Tippen Sie dann auf „Karte oder Code einlösen“ und folgen Sie den Anweisungen.
Wenn Sie ein Guthaben aufgeladen haben – Sie kennen das vielleicht noch von der Handywertkarte oder gar von einer Telefonzellen-Wertkarte – wird Ihr Guthaben je nach Verbrauch schrittweise kleiner, wenn Sie Beträge abbuchen lassen.

Wenn die Kontoeinrichtung abgeschlossen bzw. die Zahlungsmethoden übersprungen wurde, wird die App installiert. Es beginnt der Download, und Sie können sehen, wieviel Megabyte dafür nötig sind. Ein Fortschrittsbalken oder -kreis zeigt an, wie weit der Download fortgeschritten ist. Nach dem Download folgt umgehend automatisch die Installation („wird installiert“). Sobald der ganze Prozess abgeschlossen ist, sehen Sie zwei Schaltflächen: in weiß „Deinstallieren“ (das ist eine von mehreren Möglichkeiten, eine App wieder loszuwerden) und in Farbe (grün) „Öffnen“, um die App sofort zu starten. Beim iPhone erscheint dieser Knopf in blau.

Erstmaliges Öffnen: Datenschutz, Berechtigungen vergeben, Anleitung

Das erstmalige Öffnen und Bedienen einer App läuft (fast) immer nach dem gleichen Schema ab. Zuallererst werden Sie wahrscheinlich gebeten, die Datenschutzbedingungen zu akzeptieren. Dazu stellen Apps meistens ein extra Textdokument bereit, in dem alle Bedingungen stehen. Dieses können Sie sich durchlesen – müssen Sie aber nicht. Wenn Sie die App nutzen wollen, müssen Sie diese Bedingungen ohnehin akzeptieren. Dazu ein kleiner Witz am Rande: Kennen Sie die größte Lüge der Menschheit? „Datenschutzbestimmungen und Allgemeine Geschäftsbedingungen gelesen“. Ganz im Ernst – die liest kaum jemand. Obwohl wir das wohl alle öfters sollten.

Damit die App richtig funktionieren kann, sind oft gewisse Berechtigungen nötig. Was heißt das? Als Beispiel installiere ich mit Kursteilnehmern immer eine Lupen-App, damit ich das Smartphone wie eine Lupe verwenden kann. Da fragt die App, ob Sie die Kamera verwenden darf, um Bilder aufzunehmen. Das hört sich auf den ersten Blick komisch an, ist es aber keineswegs. Mit der Kamera wird schließlich ein Bild am Bildschirm erzeugt, welches ich vergrößern will – also ist eine Zustimmung zu dieser Berechtigung unumgänglich. Auch WhatsApp fragt uns zum Beispiel, ob die App auf das Mikrofon zugreifen darf, wenn wir das erste Mal eine Sprachnachricht versenden wollen. Die Abfrage nach diesen Berechtigungen ist ganz normal und wird immer dann durchgeführt, wenn wir Funktionen das erste Mal benutzen. Das kann eben schon zu Beginn der Fall sein (für Standardfunktionen) oder erst, wenn wir eine gewisse seltene Funktion das erste Mal benutzen. Wenn Sie sich das Leben einfach machen wollen, tippen Sie bei allen Berechtigungen auf „Zulassen" bzw. „Weiter". Man kann bei gewissen Berechtigungen auch stutzig werden, wenn zum Beispiel eine Lupen-App Zugriff auf die Kontaktliste haben will. Mit logischem Denken können Sie dort dann auf „Nein" tippen (ich weiß, bei solchen Warnungen und aufpoppenden Bildschirmen kühlen Kopf zu bewahren ist nicht leicht), weil dieser Zugriff wirklich nicht notwendig ist. So erkennen Sie vielleicht, dass eine App nur darauf aus ist, Ihre Daten zu sammeln oder Sie vielleicht auch nur unverschämt ausspionieren will.

Nachdem alle notwendigen Berechtigungen vergeben wurden, zeigt Ihnen die App wahrscheinlich selbst, wie sie funktioniert. Mit Einblendungen und Bildern wird Ihnen gezeigt, wie Sie erste Schritte machen und wie die Bedienung abläuft. Lesen Sie sich diese Anleitungen genau durch, dann fällt Ihnen der Start mit der App leichter.

Die App nutzen

Sehen Sie sich die App an und tippen Sie auf verschiedene Knöpfe und Regler, um zu sehen, was dann passiert. In weiterer Folge brauchen Sie für die Bedienung Ihre Navigations-Tasten am unteren Rand Ihres Gerätes. Sie sind auf einem Bildschirm gelandet, der Ihnen nicht ganz zusagt? Dann machen Sie es so, wie wir es in einem früheren Kapitel schon durchgemacht haben: Drücken Sie

die Zurück-Taste wenn vorhanden (der Pfeil der nach links schaut), um zum vorherigen Bildschirm zu gelangen.
Sie wollen die App fluchtartig verlassen oder sind mit Ihrer Arbeit darin fertig? Drücken Sie die Home-Taste (die in der Mitte unten).
Sie sind in der App steckengeblieben und können weder vor noch zurück? Drücken Sie die „Übersicht über die zuletzt geöffneten Apps" (die letzte der drei Tasten unten) und schließen Sie am besten gleich alle Apps. Suchen Sie dann auf dem Startbildschirm oder in Ihrer App-Schublade wieder nach der App und öffnen Sie sie erneut – und sie wird wieder regulär gestartet, sodass Sie Ihre Arbeit von Neuem beginnen können.

Werbung in der App

Einen wichtigen Punkt möchte ich Ihnen nicht vorenthalten. Viele von uns suchen absichtlich nach Apps, die kostenlos sind, damit wir nichts dafür zahlen müssen. Wenn man sich aber überlegt, dass irgendjemand uns diese App zur Verfügung gestellt hat – hat derjenige das nur aus gutem Willen getan? Möglich, aber eher unwahrscheinlich.
Jeder Mensch muss Geld verdienen (auch Firmen und sonstige juristische Personen, vielleicht nur nicht gewinnorientiert), also wie passt das dann zusammen? Als eine gute Parole können Sie sich merken: Wenn Sie das zu verkaufende Produkt nicht erkennen können, sind Sie selbst das Produkt. Das heißt, es werden entweder Ihre Daten verwendet, um Ihnen zum späteren Zeitpunkt

anderswo passende Werbung anzuzeigen, oder Werbung wird gleich direkt in der App angezeigt. Das sind dann immer diese bunten Knöpfe, Balken, Einblendungen oder unüberspringbare Videos, die versuchen, unsere Aufmerksamkeit zu erregen.

Ja, die stören, aber so kann der Programmierer der App etwas Geld verdienen. Wie verdient er Geld daran? Wenn Menschen wie Sie und ich auf die Werbung klicken. Das hört sich jetzt schlimmer an als es ist – wir bezahlen nicht, wenn wir draufklicken! Für diese Klicks (die werden im Hintergrund registriert) zahlt die werbende Firma einen kleinen Betrag an den Programmierer. Die werbende Firma hofft natürlich, dass wir Gefallen finden an den beworbenen Produkten und so wieder unser Geld an diese Firma loswerden. Aber nur durch Klicken bekommt niemand Geld von uns! Was tun, wenn Sie auf eine Werbung geklickt haben? Ruhig bleiben, es ist wie gesagt nichts passiert. Schauen Sie sich die Werbung an, kaufen Sie etwas ein, wenn Sie wollen, oder tippen Sie einfach auf die Zurück-Taste, damit die Werbung verschwindet.

In einer App werden nicht nur Werbung, sondern auch Sonderfunktionen angeboten, die die App vermutlich besser nutzbar machen. Zusätzlich gibt es die Möglichkeit, die Werbung für einen kleinen Obulus verschwinden zu lassen. Dann bekommen Sie für ein kleines Geld zwar keine Sonderfunktionen, aber die Werbung wird Ihnen nicht mehr angezeigt. Das ist vielen Nutzern auch etwas Geld wert.

Wo finde ich die installierte App, damit ich sie nutzen kann?

Nachdem Sie mit dem App-Store eine App installiert haben, brauchen Sie ihn im Moment nicht mehr. Diesen brauchen Sie, wenn Sie eine neue App installieren wollen, wenn Sie eine App deinstallieren wollen (da gibt es aber auch andere Wege), oder wenn Sie eine App aktualisieren wollen.

Ansonsten öffnen Sie Ihre App entweder **direkt auf dem Startbildschirm** (wenn Sie diese dorthin verschoben haben oder sie sowieso nur dort aufscheint) oder in Ihrer **App-Schublade** (wenn Sie eine haben). In der App-Schublade sind die Apps entweder alphabetisch sortiert oder nach dem Zeitpunkt ihrer Installation – also finden Sie Ihre gerade eben installierte App vielleicht ganz unten/hinten in Ihrer App-Schublade.

Die Bedienung von WhatsApp

In diesem Buch finden Sie eine Kurzbeschreibung der wichtigsten Funktionen von WhatsApp. Wenn Sie mehr über diese tolle App erfahren wollen, gibt es von mir einen kompletten WhatsApp-Ratgeber für Android-Geräte. Mehr Informationen zu diesem Werk stehen ganz hinten im Buch!

WhatsApp ist ein sehr bekannter und weit verbreiteter Messenger-Dienst. Was ist ein Messenger-Dienst? „Messenger" ist Englisch und bedeutet „Bote" – also überbringt uns WhatsApp Nachrichten.
Im Gegensatz zu Telefonie und SMS, deren Technologie auf dem mobilen Telefonnetz basiert, benötigt man für WhatsApp zwingendermaßen eine Internetverbindung. Das kann ein Vor- und ein Nachteil sein: Wenn Sie sich in Ihrem Heimatland befinden, haben Sie typischerweise (fast) immer beide Technologien zur Verfügung. Sie können also telefonieren, SMS schreiben und das Internet nutzen (z.B. WhatsApp) – und Ihre Kontakte beliebig erreichen. Wenn Sie aufgrund technischer Probleme oder örtlicher Einschränkungen nur eine dieser Technologien zur Verfügung haben, sollten Sie im Hinterkopf behalten, welche der beiden Technologien (Telefonnetz und/oder Internet) Sie gerade nutzen können. Ein Beispiel: Wenn Sie sich im Ausland befinden, kann es sein, dass Ihr Tarif sowohl bei Telefonie, SMS und Internet hohe Kosten für

die Nutzung verlangt (muss aber nicht sein – am besten vor der Reise beim Mobilfunkbetreiber informieren).
Somit bleibt nur eine (in dem Fall auch kostengünstige) Möglichkeit: sich mit einem WLAN zu verbinden, damit Sie Internetzugang haben.
Mit WhatsApp können Sie sehr vielfältig kommunizieren. Sie können sich sowohl mit Einzelpersonen unterhalten, als auch an Gruppenkonversationen teilnehmen.
Sie können ähnlich wie in sozialen Medien einen „Status“ posten (etwa „hinstellen“ im Sinne von präsentieren), der 24 Stunden sichtbar ist und von all Ihren Kontakten gesehen werden kann. Die Kommunikation ist nicht nur auf Text beschränkt – Sie haben die Möglichkeit, Bilder, Videos, Smileys, Sticker, Kontakte, Standorte, Dateien und selbst Sprachnachrichten zu senden, zu teilen und weiterzuleiten. Das ist noch nicht alles – auch Sprach- und Videotelefonie, sogar in Gruppen, sind möglich! Sie sehen, diese App hat das Potential, Ihnen großartige Dienste zu leisten.
WhatsApp bietet teilweise verschlüsselte Inhalte an. Die Nachrichten, Bilder und Videos, die Sie senden, sind Ende-zu-Ende verschlüsselt. Das heißt, dass niemand die Inhalte sehen kann, falls diese einem Fremden in die Hände fallen (z.B. wenn man gehackt wird) – auch nicht WhatsApp als Betreiber selbst. Ich möchte Sie darauf hinweisen, dass aber nicht alle Elemente verschlüsselt sind: WhatsApp hat immer Einsicht in unsere gesamte Kontaktliste (unser Telefonbuch) und sieht auch immer unsere Profilbilder, in welchen Gruppen wir sind und was wir als Status posten. Zusätzlich weiß WhatsApp auch

immer, wer, wann, wie oft jemandem schreibt – auch wenn der Inhalt nicht lesbar ist. Für große Firmen stellen heutzutage diese Metadaten (die Daten „drumherum“) sehr wichtige Informationen dar, und wir Nutzer sollten in Zukunft eher darauf schauen, dass wir nicht zu viele Daten an große Firmen zur Verfügung stellen im Sinne des Datenschutzes.
Wenn Sie einen Messenger-Dienst nutzen wollen, der vollständig sicher und verschlüsselt ist in allen Funktionen, kann ich Ihnen die App „Signal“ ans Herz legen. Auch dazu habe ich einen Ratgeber (jeweils für Android und iPhones) verfasst – den ersten im deutschsprachigen Raum. Mehr Informationen zu diesem Werk stehen ganz hinten im Buch.

Zu Beginn des Jahres 2021 hat WhatsApp angekündigt, die gesammelten Daten der Nutzer mit seiner Mutterfirma Facebook zu teilen. Dies führte dazu, dass viele Nutzer WhatsApp verlassen haben und zu Signal gewechselt sind. Trotzdem bleibt WhatsApp mit ca. zwei Milliarden Anwendern weltweit (noch) der unumstrittene Marktführer im Bereich der Messengerdienste. Mein Tipp: Nutzen Sie beide Dienste – so viel, wie es geht auf Signal, den Rest auf WhatsApp. Schließlich will man ja alle Freunde, Bekannte und Verwandte irgendwie erreichen.
Falls Sie WhatsApp noch nicht installiert haben, können Sie das gemäß der Anleitung in diesem Buch tun. Nach dem Installieren sind beim erstmaligen Öffnen der App ein paar Dinge zu tun:

Sie können – bevor Sie mit der Einrichtung und Nutzung starten - die Datenschutzrichtlinien und Nutzungsbedingungen lesen. Wenn Sie auf „Zustimmen und fortfahren“ klicken, haben Sie sich mit den zugrunde liegenden Bedingungen automatisch einverstanden erklärt und können nun wirklich mit der Nutzung von WhatsApp starten.

Beim erstmaligen Öffnen der App müssen Sie die Bestimmungen zu Datenschutz über den Button „Zustimmen und fortfahren“ bejahen. Sie werden im Folgenden darum gebeten, Ihre Telefonnummer einzugeben. Indem Sie Ihr Land angeben, wird automatisch Ihre Ländervorwahl ermittelt. Für Österreich muss also beispielsweise „+43“ eingetragen werden, was die „0“ in den österreichischen Vorwahlnummern ersetzt. Steht die „+43“ also schon dort, müssen Sie nur noch den Rest der Nummer eingeben (zum Beispiel: +43 664 usw.). Nun wird sich Google Drive melden. Der Dienst von Google möchte Daten von WhatsApp speichern, um ein Backup (eine Sicherung Ihrer Daten) zu erstellen. Sollten Sie jemals Ihr Handy wechseln, aber Ihre Daten vom Handy mitnehmen wollen, können Sie ihre mitgenommenen Daten via Google Drive auf das neue Handy importieren, insofern macht der Transfer zu Google Drive durchaus Sinn. Dafür sollen Kontakte und Fotos auf Drive gespeichert werden, weshalb Sie auf „Weiter“ klicken sollten, sofern Sie einverstanden sind, auf „nicht jetzt“, wenn Sie den Schritt gar nicht oder erst später gehen möchten. Durch die Frage „zulassen, dass WhatsApp auf

Ihre Kontakte zugreift?“ müssen Sie bestätigen, dass sich WhatsApp mit Ihrem Telefonbuch verbinden darf.
Was bedeutet das? WhatsApp erkennt automatisch, welche Kontakte im Telefonbuch Ihres Handys über WhatsApp verfügen. Sie sehen dann, wer WhatsApp benutzt und können automatisch jedem aus Ihrem Kontaktbuch schreiben, der auch gleichzeitig WhatsApp benutzt. Sie müssen die WhatsApp-Kontakte auf diese Weise nicht mühselig eingeben oder manuell eintragen. Erlauben Sie über „Zulassen“ den WhatsApp Zugriff auf Ihre Kontakte – sonst kann die App gar nicht funktionieren! Anschließend wird man Ihnen eine SMS schicken, mit der Sie den Vorgang verifizieren müssen. Dies geschieht bei den meisten Geräten automatisch, ansonsten müssen Sie den Code aus der SMS in die Felder eintragen. Dadurch soll ausgeschlossen werden, dass es zu einem Missbrauch kommt und WhatsApp auch wirklich von den „echten“ Menschen genutzt werden kann, die sich dort mit ihrer Telefonnummer anmelden. Sollten Sie bemerken, dass Sie die falsche Zahl eingegeben haben, können Sie den Prozess auch korrigieren und wiederholen. Unten erhalten Sie diesbezüglich die Optionen, sich die SMS mit einem Code erneut zusenden zu lassen oder aber, einen Anruf mit dem Code zu erhalten. Geben Sie dann noch Ihren Namen und eventuell (nicht notwendig) ein Profilbild ein.

Wie bediene ich WhatsApp?

Wenn Sie mit der Bedienung von WhatsApp starten, dann wird Ihnen das Hauptfenster auffallen.

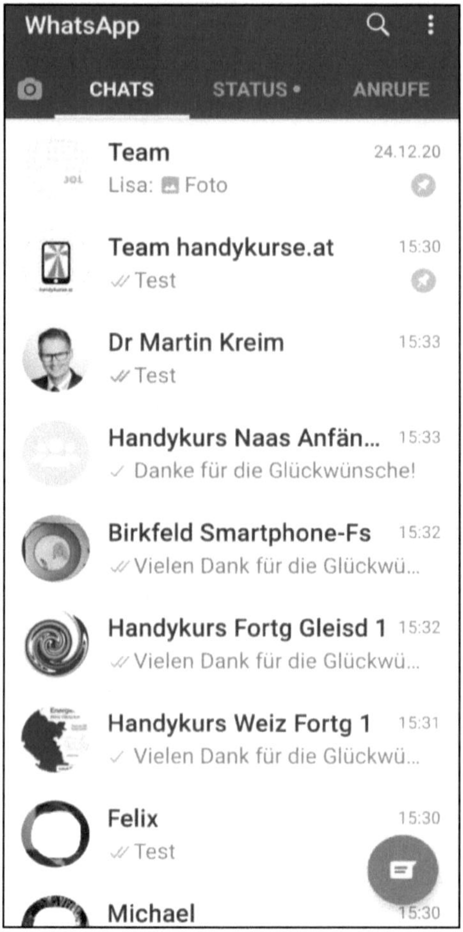

Ganz oben sehen Sie drei entscheidende Reiter. Der Reiter ganz oben links, das Hauptfenster, trägt den Namen

„Chats“. Hier sehen Sie alle Unterhaltungen, die Sie führen und auch schon geführt haben. Die neuesten Chats werden von WhatsApp ganz oben angeheftet. Wenn Sie die Chats im Hauptfenster beobachten, dann werden Ihnen die kleinen grünen Zahlen am rechten Rand auffallen. Sie befinden sich neben jedem Chat, in dem sich ungelesene Nachrichten befinden. Das Grüne zeigt Ihnen also das an, was noch gelesen werden sollte, bzw. gelesen werden kann. Durch diese Struktur haben Sie die Möglichkeit, das Relevante schnell überblicken zu können. Achten Sie darauf, bei jeder Nutzung von WhatsApp alle neuen Nachrichten zu lesen, damit Sie später neue Nachrichten schneller erkennen können.

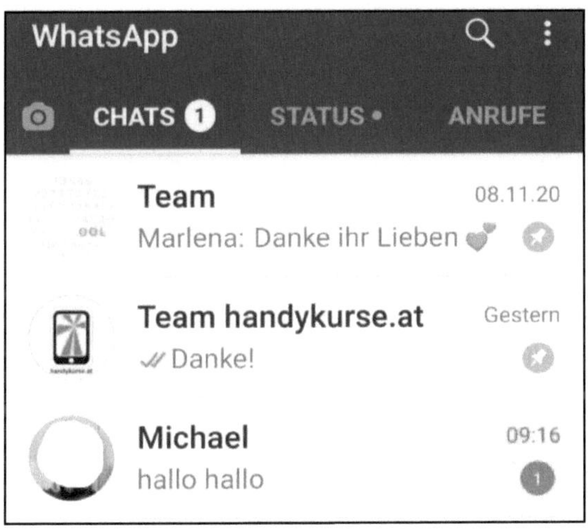

Während Sie rechts die ungelesenen Nachrichten bzw. die Anzahl der ungelesenen Nachrichten sehen, haben Sie ganz links neben jedem Chat die Übersicht über das

Profilbild des jeweiligen Gesprächspartners. Wenn Sie mit Ihrem Finger auf das kleine Bild tippen, wird das Bild plötzlich groß. Sie haben dann die Möglichkeit, das Profilbild des jeweiligen Kontakts näher und vergrößert anzuschauen.

Wenn Sie nicht auf das Bild am linken Rand, sondern direkt mittig auf den Namen klicken, öffnet sich der Chat direkt. So haben Sie die wohl schnellste Möglichkeit, sich selbst an einen Kontakt zu wenden.
In der Übersicht der Chats, sprich im Hauptmenü, haben Sie ganz unten links aber auch ein grünes Symbol zur Verfügung.

Wenn Sie auf dieses klicken, haben Sie ebenfalls die Möglichkeit, eine neue Nachricht zu verfassen.
In diesem Fall öffnet sich Ihre Kontaktliste mit all Ihren Kontakten. Diese Option ist dann vorzuziehen, wenn Sie sich an jemanden wenden wollen, den Sie bisher noch nicht kontaktiert haben. Denn diesen Kontakt finden Sie dann auch logischerweise nicht in der Übersicht Ihrer Chats, weshalb Sie den Chat neu öffnen müssen. Wenn Sie den Chat mit einer beliebigen Person öffnen, sehen Sie eine Übersicht der Nachrichten, die bereits geschrieben wurden.

Wichtig ist dabei natürlich, zu wissen, wer was geschrieben hat. Im ersten Moment mögen Sie vielleicht denken, dass das einfach herauszufinden ist. Natürlich ergibt es sich aus dem Zusammenhang und auch aus Ihrem Gedächtnis. Doch nach längerer Zeit kann es etwas dauern, bis man die Unterhaltung überblickt. Aus diesem Grund schaffen die Farben im WhatsApp-Chat einen genaueren Zusammenhang und mehr Durchblick. Ihre eigenen Nachrichten befinden sich im Chatfenster nicht nur auf der rechten Seite, sie wurden auch grün hinterlegt. Das heißt: Sie stellen immer und in jedem Chatfenster den grünen und rechten Part der Unterhaltung dar, Ihr Gegenüber hingegen den weißen und linken Part.

Sie haben über WhatsApp auch die Möglichkeit, Gruppenunterhaltungen zu führen. Das heißt, mehrere Mitglieder schließen sich zu einer Gruppe zusammen und können gemeinschaftlich in einer Konversation diskutieren. In diesem Fall steht über den Nachrichten der Name der jeweiligen Person, denn ansonsten würde die Zuordnung sehr schwierig werden. Falls Sie einen Teilnehmer noch nicht als Kontakt gespeichert haben, sehen Sie nur seine Telefonnummer und daneben den Namen in Grau, den er sich selbst gegeben hat. Vor allem können in einer Gruppe nicht nur drei Personen schreiben, sondern maximal sogar 256. Nun stellen Sie sich vor, Sie müssten aus dem Zusammenhang erschließen, wer was geschrieben hat. Daher wird Ihnen der Name der schreibenden Person über der Nachricht angezeigt, beim Einzelchat jedoch nicht. Hier müssen Sie sich an den beschriebenen Farben orientieren.

Ganz oben in der grünen Leiste des jeweiligen Chats sehen Sie auch den Namen der Person, mit der Sie im Einzelchat kommunizieren. Sollten Sie es also einmal vergessen, können Sie sich im Laufe der Unterhaltung an der obigen Information orientieren. Dort sehen Sie auch den Namen der Gruppe, sollte es sich um eine Gruppenunterhaltung handeln. Klicken Sie auf dieses besagte Feld, auf der wie gesagt der Gruppenname oder der Name der Person steht, dann werden Sie dort weitere Informationen und verschiedene Elemente vorfinden. Ganz oben in der grünen Leiste steht der Name der Gruppe oder des Kontakts; durch das Tippen darauf öffnet sich die

Infoseite, auf der man die Teilnehmer einer Gruppe, Administratoren etc. sehen kann und die Benachrichtigungen stumm schaltet, Gruppeneinstellungen vornimmt etc.

In einer Gruppe erhalten Sie beispielsweise die Information, wer die Teilnehmer der jeweiligen Gruppe sind. Weiterhin haben Sie im besagten Fenster die Möglichkeit, die Gruppe zu verlassen, die Gruppe zu melden (wenn gegen die Bestimmungen von WhatsApp verstoßen wurde), einzelne Kontakte zu melden (wenn sich diese Ihrer Meinung nach entgegen den WhatsApp-Richtlinien verhalten haben) und Sie haben noch die Möglichkeit, einzelne Kontakte zu blockieren (wenn Sie von einem Kontakt beispielsweise belästigt wurden). In diesem Fall kann dieser Kontakt Ihnen nicht mehr schreiben.

Textnachrichten und Smileys

Genug der Informationen – mit Sicherheit wollen Sie eine Textnachricht schreiben, oder? Im Prinzip ist das ganz einfach: Ganz unten haben Sie im jeweiligen Chat die Textzeile. Sie tippen auf die Textzeile, tippen Ihre Buchstaben ein und wenn Sie der Meinung sind, Ihre Nachricht ist fertig, drücken Sie auf den Knopf ganz rechts. Dieser Knopf sieht aus wie ein zur Seite geneigtes Dreieck oder ein Papierflugzeug.

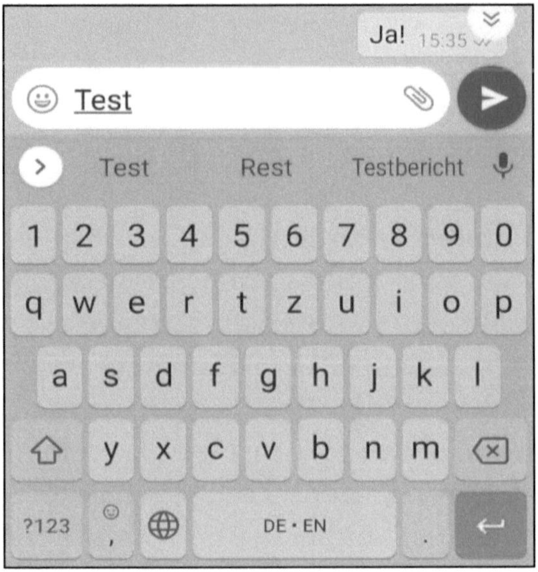

Links neben der Textzeile sehen Sie einen Smiley. Klicken Sie nun auf eben jenen Smiley, öffnet sich die spezifische WhatsApp-Tastatur für die Smileys. Ganz unten haben Sie in der Leiste eine Übersicht verschiedener Kategorien, anhand derer die Smileys und „Emoticons" kategorisiert und strukturiert werden. Ganz links in der Leiste sehen Sie ein Uhr-Symbol. Es handelt sich hierbei um den Verlauf Ihrer zuletzt genutzten Smileys und Emoticons. Wenn Sie nach rechts klicken, können Sie die Emoticons der verschiedenen Kategorien einsehen. Über den Smiley erhalten Sie zum Beispiel Zugriff auf verschiedene Emotionen. Ganz unten sehen Sie nun wiederum verschiedene Punkte. Das bedeutet, dass Sie durch einen „Swipe" (also durch einen Wisch mit dem Finger) von rechts nach links noch mehrere Unterseiten öffnen können. Neben dem Smiley finden Sie zum Beispiel noch Tiere, Ernährung, Freizeitliches, Emoticons zum Thema Natur und Umwelt, Technisches, Symbole und ganz rechts als letzte Kategorie noch Landesflaggen. In der Leiste unten können Sie zwischen Smileys, GIFs und Stickern wählen und dann darüber auswählen, was genau versendet werden soll.

GIFs sind „Bewegt-Bilder“. Indem Sie ganz unten links auf die Lupe klicken, können Sie Begriffe eingeben und passende GIFs zu diesem Thema finden. Bedenken Sie dabei, dass die Datenbank international ist. Geben Sie englischsprachige Begriffe ein, werden Sie dazu auch sehr viele Ergebnisse finden. Über die Lupen-Funktion können Sie Schlagwörter durchsuchen, um die GIFs zu filtern, die Sie haben wollen.

Rechts neben den GIFs befindet sich das Sticker-Symbol. Hier befindet sich oben in der kleinen Liste erneut das Uhr-Symbol, mit dem der Sticker-Verlauf eingesehen werden kann. Rechts daneben können Sie mithilfe des Plus-Symbols weitere Sticker-Sets finden und herunterladen. Sie können über den Play Store die verschiedensten Sticker-Sets herunterladen (gratis oder kostenpflichtig) und diese zu WhatsApp hinzufügen. Sticker werden immer einer nach dem anderen versendet und nicht gesammelt wie z.B. bei Smileys.

Die Lesebestätigungen

Über WhatsApp haben Sie die Möglichkeit, den Status Ihrer gesendeten Nachrichten einzusehen.

Wenn Sie eine Nachricht geschrieben und abgeschickt haben, sehen Sie rechts unten im Fenster der verschickten Nachricht ein Symbol. Es kann sich dabei um eine kleine Uhr, um einen grauen Haken, um zwei graue Haken oder ggf. auch um zwei blaue Haken handeln. Ob Sie die blauen Haken sehen, hängt allerdings auch davon ab, ob Sie die Option der blauen Haken in den WhatsApp-Einstellungen aktiviert haben bzw. ob Ihr Gegenüber dies getan hat. Erscheint die Uhr, dann bedeutet dies, dass die Nachricht von Ihrem Telefon noch nicht abgeschickt werden konnte.

Das wäre beispielsweise der Fall, wenn Sie noch nicht mit dem Internet verbunden sind. WhatsApp merkt sich dies dann allerdings und Ihre eingegebene Nachricht wird dann verschickt, sobald Sie eine Verbindung zum Internet herstellen können. Bei einem grauen Haken ist die Nachricht bereits auf dem WhatsApp-Server angelangt, sie wurde aber von Ihrem Gegenüber noch nicht empfangen, konnte also noch nicht zugestellt werden.

Woran kann das liegen? Das Internet des Gesprächspartners ist nicht eingeschaltet, er oder sie hat das Handy vielleicht auch komplett ausgeschaltet bzw. hat er oder sie gerade keinen Empfang. Sobald der Internetzugang des Empfängers wieder vorhanden ist, kann die Nachricht zugestellt werden. In diesem Fall erhalten Sie die zwei grauen Haken.

Es kann auch sein, dass Ihre Nachricht in diesem Fall schon gelesen wurde. Dies hängt wie gesagt von der Einstellung ab, ob Sie Ihr Gegenüber über von Ihnen gelesene Nachrichten informieren wollen, oder nicht, was in den individuellen WhatsApp-Einstellungen festgelegt werden kann.

Wenn Sie niemanden über gelesene Nachrichten informieren wollen, erhalten Sie die Information sonst auch von keinem anderen. Haben Sie die Option aktiviert, leuchten die Haken des Gegenübers blau, sobald Ihre Nachricht von ihm oder ihr gelesen wurde.

Bilder versenden

WhatsApp ist nicht nur so beliebt, weil Sie mit Menschen weltweit in Kontakt bleiben und Nachrichten verschicken können. Letzten Endes sagen Bilder mehr als tausend Worte und in diesem Zuge werden Millionen und Milliarden von Bildern täglich ausgetauscht. Wie können Sie Bilder verschicken, Fotos aufnehmen und diese an eine Gruppe oder in einen Chat stellen, fragen Sie sich vermutlich? Sofern Sie sich im WhatsApp-Chat befinden, sehen Sie die Nachrichtenzeile, in der „Nachricht“ steht. Hier tippen Sie bekanntlich die Nachricht ein, die Sie versenden wollen. Daneben sehen Sie ein kleines Kamera-Symbol. Dieses Symbol ist nur sichtbar, solange sich kein Text in der Nachrichtenzeile befindet!

Klicken Sie auf das Symbol, dann können Sie direkt ein Foto aufnehmen oder aber ein Video drehen und dieses abschicken. Diese Option bietet sich logischerweise dann an, wenn Sie etwas schnell live fotografieren wollen und sofort herumzeigen möchten. Durch Drücken des Kamera-Buttons lässt sich ein Foto (kurz tippen) oder Video (lange drücken für die Dauer des Videos) erschaffen (Kreis), das sich sofort teilen lässt. Der Selfie-Modus befindet sich unten rechts (Kamera drehen), Blitz ein/aus unten links.

Sobald Sie ein Bild anklicken, das Sie als Foto versenden wollen, haben Sie durch einen „Wisch nach oben“ die Möglichkeit, Filter für Ihr Bild einzustellen.

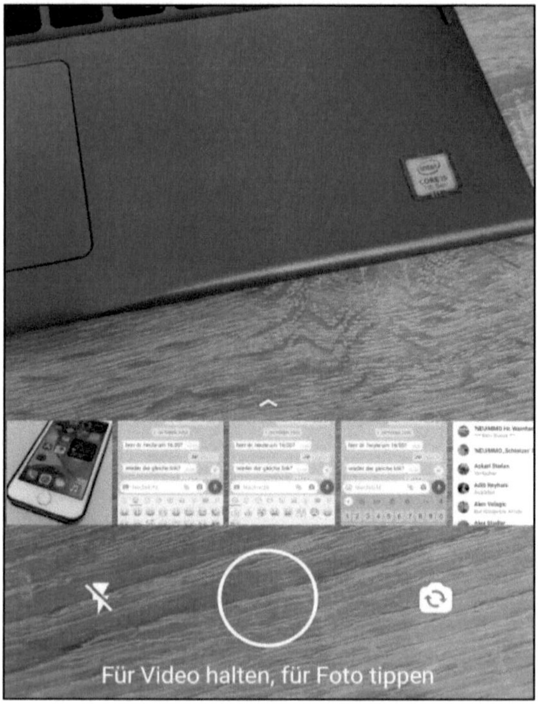

Manchmal möchte man aber auch eher ein Foto verschicken, das sich schon in der Galerie befindet. Sie sehen unter dem Live-Bild Ihrer Kamera schon eine Reihe von Fotos, die sich in Ihrer Galerie befinden.

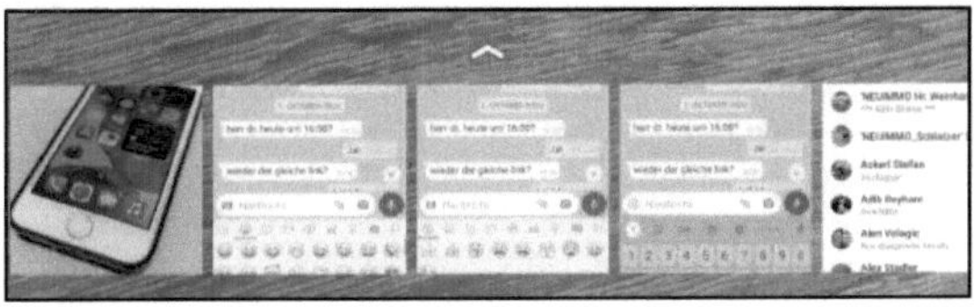

Sofern Sie auf ein Bild klicken, wird dieses zum Verschicken ausgewählt. Wenn Sie länger auf ein Bild drücken, wird dieses markiert und Sie können mit einem Einfach-Tipp mehrere Bilder auswählen (angehakt) und demnach auch gleich mehrere Bilder versenden.
Sie können dabei natürlich auch die Blitz-Funktion Ihrer Kamera oder den Selfie-Modus verwenden, indem Sie einfach die Symbole neben dem Kreis in der Mitte dafür bedienen. Wenn Sie ein Foto oder Video aufgenommen haben, wird dieses aber nicht sofort in den Chat geschickt. Zunächst wird Ihnen das Foto oder Video angezeigt. Durch den Pfeil oben links („Zurück“) verwerfen Sie den Versand und Sie können ein neues Foto oder Video aufnehmen. Durch das geometrische Symbol des Vierecks erhalten Sie die Möglichkeit, Ihr Bild zu drehen oder zuzuschneiden. Mit dem Smiley-Symbol können Sie größere Smileys und Emoticons (Pfeile, Linien, Sprechblasen, ...) zum Bild hinzufügen. Das „T“ verschafft Ihnen die Möglichkeit, einen Text zum Bild hinzuzufügen, während das Stift-Symbol ganz oben rechts dafür sorgt, dass Sie etwas händisch zeichnen können. Schriftarten und Strichstärke können Sie anpassen, indem Sie von rechts nach links in das Bild wischen. Und die Farbe wählen Sie am Farbbalken ganz rechts. Wenn Sie das Bild ausgewählt

haben, werden Sie über der Tastatur aber auch schon mit der Option „Bildunterschrift hinzufügen“ konfrontiert.

Sie können dadurch Ihr Bild kommentieren und der Kommentar wird textlich an Ihr Bild angehängt, sodass er für Ihren bzw. Ihre Gesprächspartner sichtbar wird, ohne dass der Text im Bild selbst platziert wird (im Gegensatz zum schon beschriebenen T-Symbol).

Wenn Sie Ihr Medium bearbeitet, also kommentiert, zugeschnitten, bezeichnet etc. haben, müssen Sie nur noch den weißen Pfeil auf grünem Hintergrund (vergleiche: Verschicken von Nachrichten) aktivieren.

Sie können den Versand von Bildern auch aus Ihrer Galerie starten. Öffnen Sie diese und zeigen Sie ein Bild formatfüllend an (nicht in der Kachelansicht). Sofern Sie sich das Bild anschauen, haben Sie nun verschiedene Optionen zur Auswahl, je nachdem, was Sie mit dem Bild anfangen wollen. Um die Optionen anzuzeigen, tippen Sie einmal kurz mitten in das Bild.
Sie können es beispielsweise „teilen“ (zum Beispiel über andere soziale Netzwerke), als „Favorit“ markieren, nachträglich bearbeiten oder löschen. Unter „Mehr“ erhalten Sie auch noch mehr Optionen. Tippen Sie auf „Teilen“ (das Symbol bestehend aus drei Punkten, verbunden mit zwei Strichen), wählen Sie WhatsApp aus und suchen Sie bis zu fünf Kontakte/Gruppen aus, an die Sie das Bild schicken wollen.

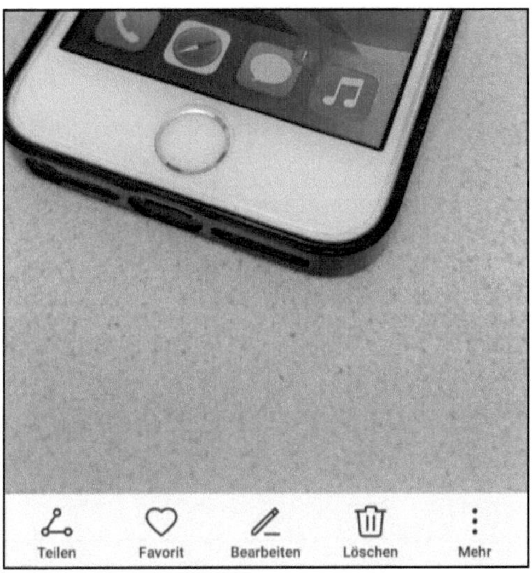

Sie können Bilder via WhatsApp, aber auch über diverse andere (Messenger-) Dienste teilen.

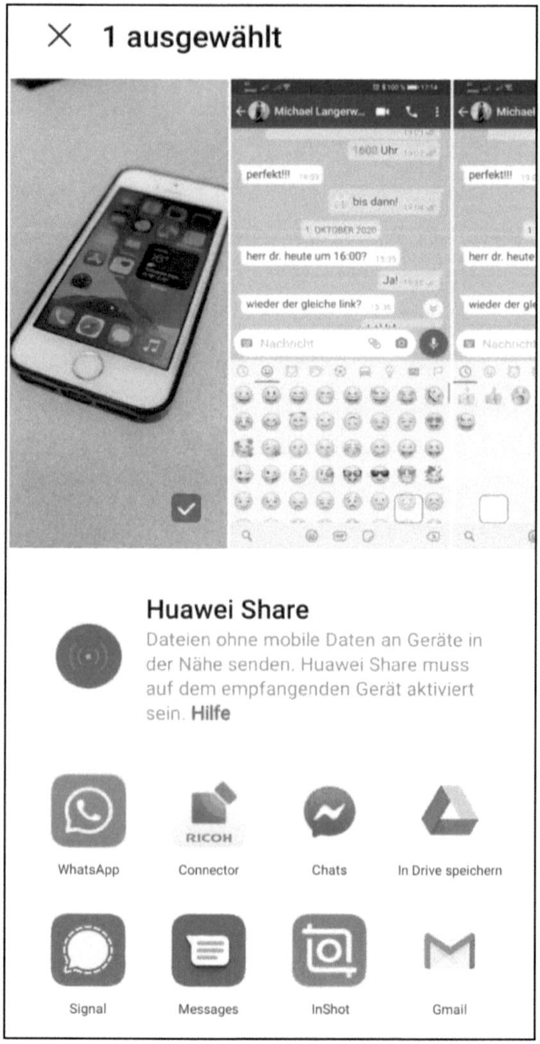

Zum Weiterleiten können Sie nur bis zu fünf Empfänger (zur Bekämpfung von Fake News) auswählen.

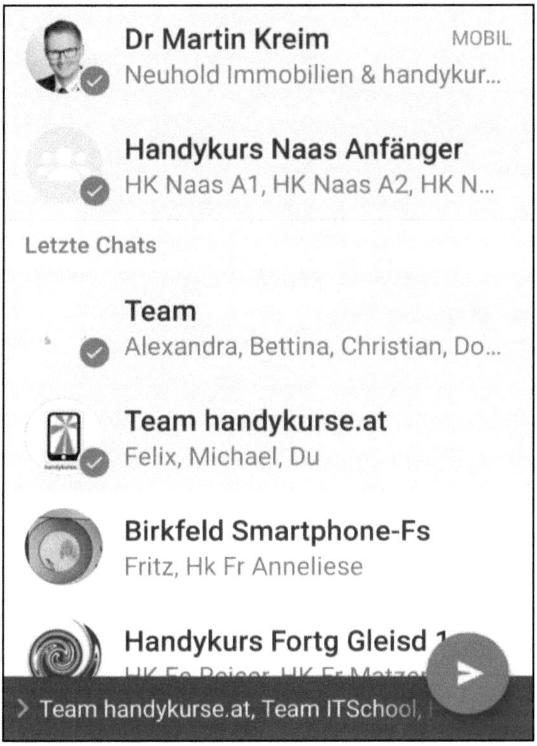

Um mehrere Bilder markieren zu können, muss eines lang mit dem Finger angeklickt werden – dann beim Kästchen einfach tippen. Wählen Sie danach wieder das „Teilen“-Symbol.

Sie können ein Bild auch direkt an andere Kontakte weiterleiten, indem Sie im Chat das Symbol des Pfeils nach rechts dafür wählen. Neben dem Medium befindet sich links der Pfeil nach rechts, welcher für das Weiterleiten verwendet werden kann. Es öffnet sich eine Übersicht über Ihre Kontakte.

17:51
Nachricht

Zum Weiterleiten können Sie wieder nur bis zu fünf Empfänger (zur Bekämpfung von Fake News) auswählen.

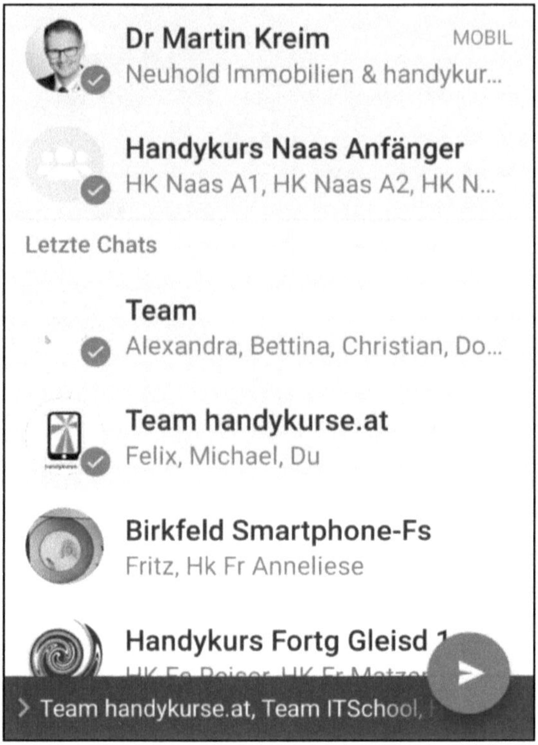

Warum ist das so? Man hat die Erfahrung gesammelt, dass sich durch das massenhafte Weiterleiten von Nachrichten und Bildern Fake News schneller verbreiten können. Fake News (falsche, gefälschte Nachrichten, oft mit manipulierender Absicht) sind in den sozialen Netzwerken mittlerweile ein ernsthaftes Thema geworden. Teilweise werden Facebook, WhatsApp und Co. gezielt genutzt, um unwahre Botschaften zu verbreiten, die sich aufgrund des reißerischen Charakters unter anderem durch die Weiterleiten-Funktion schnell verbreiten sollen. Dementsprechend hat WhatsApp eine Beschränkung auf fünf Kontakte eingebaut. Generell können Sie sich für das Weiterleiten den Pfeil nach rechts in Erinnerung halten. Bereits mehrfach hintereinander weitergeleitete Medien können nur an einen weiteren Kontakt weiter versandt werden; ebenfalls aus dem genannten Grund der Fake News-Eindämmung.

Sprachnachrichten versenden:

Indem Sie den „Mikrofon"-Button (das weiße Mikrofon auf grünem Hintergrund) gedrückt halten, können Sie eine Nachricht mit Ihrer Stimme aufnehmen. Bei der ersten Nutzung müssen Sie WhatsApp erlauben, das Mikrofon zu nutzen.

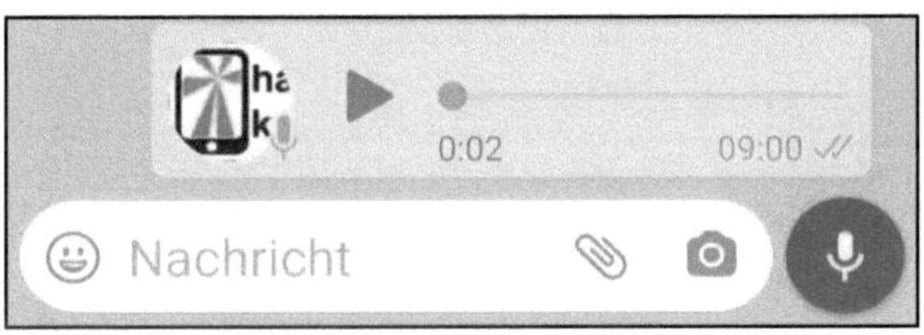

Halten Sie den grünen Knopf gedrückt (nicht loslassen!) und sprechen Sie Ihre Nachricht. Wenn Sie damit fertig sind, lassen Sie den Knopf los und die Nachricht wird automatisch geschickt. Mit dem grauen „Play"-Knopf (das Dreieck, das nach rechts zeigt) können Sie die Nachricht anhören und wiedergeben. Um das Mikrofon einzurasten, sodass Sie nicht fortlaufend gedrückt halten müssen, können Sie das Mikrofon mit dem Finger „nach oben ziehen“ und den Finger dann vom Bildschirm abheben. Wenn Sie die Nachricht abbrechen und doch nicht schicken wollen, wischen Sie mit dem Finger nach links und heben ihn dann vom Bildschirm ab.

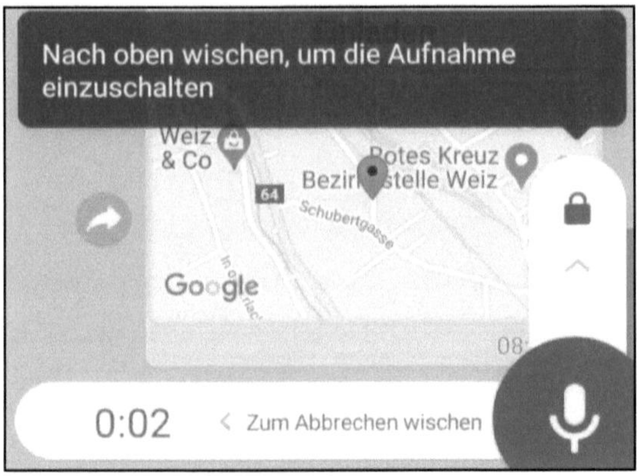

Der WhatsApp – Status

Wir haben uns vorhin dem ersten Hauptfenster zugewandt, welches die Chats beinhaltet. Neben diesem ersten Hauptfenster „Chats“ befindet sich rechts daneben die Spalte „Status“. Mit dem Status verhält es sich so, dass Sie eine Nachricht nicht direkt an einen Empfänger richten, sondern quasi in einen Raum stellen. Diese Nachricht in dem Raum kann von jedem ihrer Kontakte, die Sie gespeichert haben und die WhatsApp benutzen, gesehen werden. Man kann dieses Prinzip mit Social Media vergleichen. Sie „posten“ (engl. für etwa „aushängen“) beispielsweise ein Bild, stellen dieses also in den Raum und Ihre Kontakte können den Post (den „Aushang“) dann 24 Stunden lang sehen. Ihre Kontakte können sich dann auch auf Ihren Status beziehen und Sie können zum Beispiel über diesen Status schreiben. In den Einstellungen können Sie unter Datenschutz genauer bestimmen und eingrenzen, wer den Status sehen darf. Indem Sie ganz oben auf „Mein Status“ tippen, können Sie einen Status hinzufügen. Klicken Sie auf die erste Zeile „Mein Status“ oder unten auf den Stift-Button, um einen neuen Status hinzuzufügen.

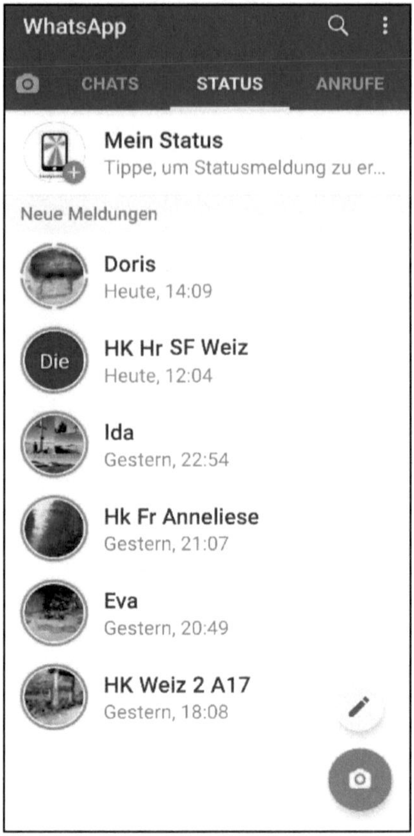

Darunter sehen Sie unter „neue Meldungen“, welche ihrer Kontakte einen Status erstellt haben. Wenn Sie die Namen anklicken, können Sie deren Status schließlich sehen. Alternativ haben Sie aber auch hier unten rechts das Stift-Symbol, mit dem Sie den Status eröffnen können. Sie können einen Text als Status schreiben, Emojis/Smileys einfügen und mit einer Berührung auf die Farbpalette die Farbe so oft ändern, bis sie Ihnen gefällt. Mit dem Smiley fügen Sie Smileys zum Status hinzu, mit „T“ schreiben Sie etwas, mit der Farbpalette ändern Sie den Hintergrund des Status.

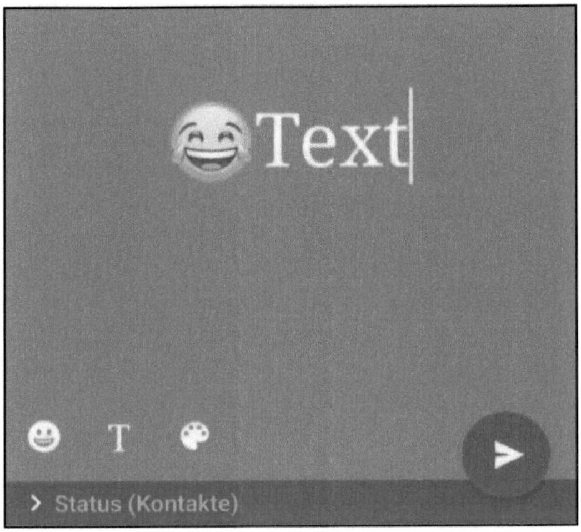

Anhand der Balken oben sehen Sie, wie schnell der Status vergeht. Unten können Sie durch Klicken des Auges sehen, wer Ihren Status angesehen hat. Unter dem Stift-Symbol finden Sie hingegen ein Kamera-Symbol und damit wird es möglich, ein Bild aus der Galerie auszusuchen, welches dann als Status fungiert. Die Beiträge laufen automatisch durch, und darunter finden Sie ein kleines Auge mit einer Zahl.

Die Zahl verrät Ihnen, wie oft Ihr Status schon gesehen wurde. Wenn Sie auf dieses Auge klicken, während die Zeit läuft, können Sie auch sehen, wer genau Ihren Status gesehen hat.

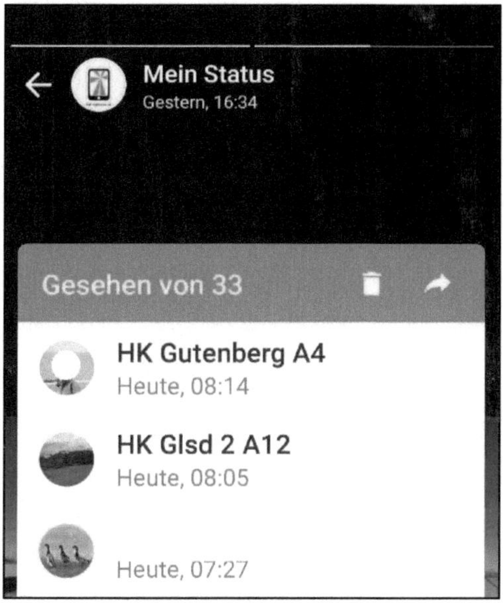

Das dritte Hauptfenster: Anrufe

In der dritten Spalte neben den Chats und dem Status sehen Sie die Anrufe. WhatsApp-Anrufe unterscheiden sich von normalen, herkömmlichen Anrufen insofern, als dass die WhatsApp-Anrufe nicht über das Telefonnetz, sondern über das Internet ablaufen. Sie nutzen also eine WLAN-Verbindung oder Ihre mobile Datenverbindung, um zu kommunizieren. Sie können sich zum Beispiel im Ausland befinden, Ihr Gesprächspartner befindet sich im Ausland, oder beide befinden sich im Ausland. In diesem Fall ist die Internet-Telefonie ein durchaus geschicktes Mittel. Wenn es um die Qualität geht, gilt es aber festzuhalten, dass die „echte Telefonie“ oft praktischer und besser ist. Wenn Sie auf „Anrufe“ klicken, werden Ihnen hier die letzten Anrufe angezeigt, die Sie getätigt haben. Das ist mit der regulären Telefon-Funktion Ihres Mobiltelefons zu vergleichen. Sie sehen das Datum und die Uhrzeit des Anrufs und beispielsweise auch, ob telefoniert oder Video-telefoniert wurde. Im Fenster „Anrufe“ werden Ihre letzten Verbindungen via WhatsApp angezeigt, ähnlich wie in der Liste Ihrer zuletzt getätigten Anrufe.

Wenn Sie auf das entsprechende Symbol klicken, können Sie sogar gleich auf gleichem Weg zurückrufen. Wenn Sie in die Mitte der Schaltfläche, also auf den Namen klicken, dann sehen Sie die Details des Anrufs. War der Anruf eingehend oder ausgehend? Wann fand der Anruf statt? Wie lang hat der Anruf gedauert? Wie viel Datenvolumen

wurde dabei verbraucht? Neben den Anrufen zeigt Ihnen das Symbol die Art des Anrufs an.
Wie können Sie eine beliebige Person nun via WhatsApp anrufen? Dazu begeben Sie sich einfach in den entsprechenden Chat, den Sie mit der Person führen, die Sie anrufen wollen. Oben sehen Sie rechts neben dem Namen drei Symbole. Neben einer Kamera für Videotelefonie ist dies ein Telefonhörer und das Drei-Punkt-Menü. Über die Kamera und den Telefonhörer haben Sie die Möglichkeit, Video- oder Sprachtelefonie zu starten.

Ein Problem kann allerdings der hohe Datenverbrauch bei Videotelefonie sein. So kann es zu einem Verbrauch von bis zu 6 MB pro Minute kommen.

Weitere Funktionen von WhatsApp

Für einfache Kommunikation sollte die Beschreibung bis hierher genügen. Folgende weitere Kapitel werden im Buch „Der komplette WhatsApp-Ratgeber für Android-Geräte" (erhältlich siehe Buchende) zusätzlich beschrieben:

- Wie können Sie Nachrichten löschen?
- Wie antworten Sie gezielt auf Nachrichten?
- Wie teilen Sie Ihren Standort?
- Kontakt senden

- Wie teilen Sie Dokumente und Audio-Dateien?
- Wie können Sie selbst eine neue Gruppe gründen/erstellen?
- Broadcast-Funktion
- WhatsApp Web und Desktop
- Gruppe oben anheften
- Das Einstellungen-Menü
- Profil einstellen
- Datenschutz-Einstellungen
- Blockierte Kontakte
- Sicherheit bei WhatsApp
- Chats-Einstellungen
- Benachrichtigungs-Einstellungen
- Speicher und Daten
- Hilfe und häufig gestellte Fragen
- Freunde einladen über verschiedene Apps und Netzwerke
- Wo ist WhatsApp verfügbar?
- Welche Bedeutung hat WhatsApp?
- Mit wem steht WhatsApp im Wettbewerb?
- Wer hat WhatsApp gegründet?

Google Maps

Wir tragen mit einem Smartphone ständig die Möglichkeit mit uns herum, immer und überall navigieren zu können. Sind Sie sich dessen überhaupt bewusst? Ich weiß, das kann man gerne mal vergessen.

Dabei ist das Wort „Navigieren“ noch zu wenig – denn das ist nur eine von mehreren Funktionen, die eine Karten-App wie „Google Maps“ oder „Karten“ (auf iPhones vorinstalliert) bietet. Sie können wie gesagt navigieren (mit dem Auto, zu Fuß, mit dem Fahrrad, mit öffentlichen Verkehrsmitteln), aber auch Orte suchen, Luftbilder ansehen, Höhenschichten ansehen, Geschäfte und Unternehmen suchen, und noch einiges mehr. Ich zeige Ihnen die Bedienung am Beispiel der App „Google Maps“, welche auf Android-Smartphones vorinstalliert ist und auch auf Apple-Geräten (iPhones und iPads) problemlos installiert werden kann.

Bedienung von Google Maps

Als Erstes möchte ich Ihnen die grundsätzliche Bedienung nahebringen. Diese Art der Bedienung ist bei vielen Karten-Apps ähnlich oder sogar vollkommen gleich. Es gibt Apps in Hülle und Fülle, die sich mit Navigation, Wandern, Radfahren, Laufen, und ähnlichen Fortbewegungsarten befassen. Schmökern Sie einfach in Ihrem App-Store und probieren Sie verschiedene Apps aus.

Beim Öffnen der App:
Wenn Sie eine Karten-App öffnen, wird Ihnen höchstwahrscheinlich Ihr aktueller Aufenthaltsort angezeigt. Beim ersten Öffnen der App werden Sie gefragt, ob die App Ihren Standort verwenden darf. Schalten Sie dazu in Ihrer Einstellungen-App oder in der Schnellsteuerung (Kontrollzentrum) die Standorterkennung ein. Tippen Sie in der App dann auf „Zulassen“ oder „Nur während der Nutzung der App zulassen“, damit der Standort bestimmt werden kann.
Überprüfen Sie dann, wenn möglich, ob Ihr angezeigter Standort auch richtig ist. Wieso soll er nicht richtig sein, werden Sie fragen? Da die Bestimmung technisch geschieht, können dort auch Fehler oder Ungenauigkeiten entstehen. GPS („global positioning system) ortet uns mithilfe von mehreren Satelliten, die uns „sehen“ müssen (25). Wenn es mit dieser Erkennung Probleme gibt, kann unser Standort eventuell nicht genau bestimmt werden. Bevor Sie also Ihre Anwendung durchführen – achten Sie darauf, dass Ihr Standort korrekt ist.

Den Kartenausschnitt verschieben:
Ganz einfach – mit **einem Finger** verschieben Sie den Kartenausschnitt. Sehen Sie sich einfach die Gegend rund um Ihren Standpunkt an.

Zum aktuellen Standort zurückkehren:
Jetzt haben Sie sich die Gegend angeschaut – und Sie wissen jetzt nicht, wie Sie wieder zurück zu Ihrem aktuellen Standort kommen? Tippen Sie rechts unten auf

den kleinen Knopf, der wie ein Fadenkreuz aussieht. In anderen ähnlichen Apps („Karten“ am iPhone) könnte dieses Symbol auch wie ein schräger Pfeil – ähnlich dem Senden-Pfeil in Messenger-Diensten aussehen. Und Schwupps – kehren Sie dorthin zurück, wo die App Sie bzw. Ihr Gerät gerade ortet.

Den Kartenausschnitt zoomen / drehen:
Mit zwei Fingern und der Zoomen-Geste machen Sie den Kartenausschnitt größer oder kleiner. Sie kennen diese Geste sicher aus Ihrer Galerie, wenn Sie Fotos ansehen. Achtung – Sie können nur bis zu einer gewissen Stufe raus- oder reinzoomen: Irgendwann ist es genug, und es wird nicht größer.
Wenn Sie die zwei Finger am Bildschirm drehen, können Sie auch den Kartenausschnitt drehen. Wozu braucht man das? Stellen Sie sich vor, Sie stehen in einer fremden Stadt und wollen mit der App erkunden, was sich vor Ihnen befindet. Sie wissen aber nicht wo Norden ist und die anderen Himmelsrichtungen – wie finden Sie sich dann zurecht? Ein Prinzip von Landkarten ist es, Norden immer „oben“ anzuzeigen. Wenn Sie sich mit dem Gerät drehen, bleibt der Bildschirm aber gleich, da wird oben immer Norden sein. So kann es hilfreich sein, den Kartenausschnitt so zu drehen, dass vor Ihnen auch am Bildschirm des Geräts „oben“ ist. Sobald der Kartenausschnitt verdreht wurde, wird Ihnen rechts oben ein Kompass angezeigt, der Ihnen mit der roten Nadel weiterhin Norden anzeigt. Tippen Sie auf den Kompass, und die Karte dreht sich wieder in den Norden. Daraufhin

wird der Kompass wieder verschwinden (wundern Sie sich nicht), da Sie ihn im Moment nicht mehr brauchen.
Die moderne Nutzung von Smartphones sieht in vielen Bereichen oft nicht mehr die Bedienung mit zwei Fingern vor. Mit nur einem Finger können Sie auch zoomen. Können Sie sich an den Autozoom in der Galerie erinnern? Mit einem Doppeltipp in die Mitte des Bildschirms wird der Bildausschnitt vergrößert (mehr Details und weniger Umgebung, wie eine Lupe) – und das jedes Mal! Das können Sie nicht unbegrenzt machen, irgendwann wird es nicht mehr größer. Dann hilft auch kein Doppeltippen mehr. Eine einhändige Bedienung ist trotzdem möglich: Tippen Sie zweimal und bleiben Sie nach dem zweiten Tipp einfach mit dem Finger auf dem Display und schieben Sie ihn nach oben oder nach unten. Sie werden sehen, dass beim Nach-oben-schieben herausgezoomt wird, und beim Nach-unten-schieben hineingezoomt wird! Ich weiß, dass dieser „Doppeltipp mit Draufbleiben“ etwas an Übung erfordert – es ist aber definitiv die Mühe wert!

Kartenansicht ändern:
Sie werden mit ziemlicher Sicherheit eine Karte vor sich sehen, die nicht allzu viele Details aufweist. Ortsnamen, Straßen, Gewässer in Blau, Bundesstraßen in Gelb, Waldgebiete in Hellgrün, Rest in Grau. Diese Ansicht ist jetzt nicht sonderlich mitreißend, ist aber einfach gehalten und erfüllt den Zweck einer Landkarte. Google Maps ist da aber flexibel und bietet uns verschiedene Darstellungen an. Tippen Sie dazu auf die übereinandergelegten Blätter rechts oben, das ist das Symbol für unterschiedliche

Schichten, die Sie über die Karten legen können. In anderen Apps („Karten“ am iPhone) könnte das ein „i“ für „Information“ sein.
Sie können hier verschiedene Kartentypen ausprobieren. Zwei Typen gibt es immer: Eine ist die voreingestellte Standard-Karte, welche die beschriebenen Details anzeigt. Die zweite ist „Satellit“, welche ein Luftbild von oben (aufgenommen von einem Satelliten) zeigt. Hier werden alle von oben sichtbaren Details gezeigt: Häuser, Straßen, Gärten, Wälder, Wiesen. Die Betrachtung von oben kann anfangs schwierig erscheinen und erfordert etwas Übung. Ich bevorzuge die Satelliten-Ansicht, da ich mit dieser „anschaulicheren“ Ansicht mehr Informationen verarbeiten kann. Wenn Sie Ihren gewünschten Kartentyp eingestellt haben (Verkehrslagen, Höhenschichten fürs Wandern, ...), tippen Sie seitlich wieder in die sichtbare Karte, dann verschwindet das Fenster mit den Einstellungsmöglichkeiten.

Bedienelemente anzeigen:
Sollten die Bedienelemente, von denen wir hier gesprochen haben, nicht am Bildschirm angezeigt werden, tippen Sie einmal in die Mitte der Karte, dann erscheinen Sie wieder. Nochmals tippen, und sie verschwinden wieder.

Orte Suchen

Alleine Karten anzusehen und in der Welt zu schmökern, macht mir persönlich schon sehr viel Spaß. Es gibt aber natürlich Orte, die ich noch nicht kenne und gezielt kennenlernen möchte. Dazu gibt es die Suchfunktion – suchen Sie, was Sie wollen! Was ich damit meine? Google Maps ist ja ein Dienst von Google und funktioniert in der Suchfunktion ähnlich. Geben Sie einfach ein, was Sie suchen: Restaurant, Supermarkt, Kaffeehaus (wenn Sie vielleicht dringend eine Toilette benötigen?), Tankstelle, Hotel, Geschäftslokale, Ärzte ... ich glaube, der Groschen ist bereits gefallen. Es werden Ihnen in der Umgebung dann die am nächsten gelegenen Orte dieser Suche angezeigt.

Tippen Sie oben in die Suchzeile und fangen Sie an, Ihren gewünschten Ort zu schreiben (oder tippen Sie auf das kleine Mikrofon und sprechen Sie Ihren Begriff).
Nutzen Sie wieder aktiv die Vorschläge, die ab der zweiten Zeile erscheinen, und tippen Sie auf Ihr richtiges Ergebnis oder auf den Suchen-Knopf in Ihrer Tastatur rechts unten (eine Lupe oder das Wort „Suchen“). Google Maps zeigt Ihnen dann mittels einer roten Nadel den gesuchten (oder besser den gefundenen) Ort an. Sie können auch direkt nach Adressen suchen. Dabei ist dann besonders wichtig, dass Sie korrekte Eingaben tätigen und auch in der richtigen Stadt suchen.
Nutzen Sie die Vorschläge, sobald Sie zu schreiben beginnen. In den Vorschlägen gibt es dann eventuell die Möglichkeit, auf einen Extra-Knopf „Hausnummer“ zu tippen. So wird die Straße fertig ausgefüllt (wie bei einem Vorschlag eben üblich), und Sie brauchen nur noch die Hausnummer dazu eingeben.

Wie immer, wenn Sie eine Suche gestartet haben, müssen Sie das Suchergebnis bewerten. Kann dieser Ort oder diese Adresse stimmen? Bin ich in der richtigen Stadt? Wird mir ein Feldweg angezeigt, obwohl dort ein Haus sein sollte? Sie sollten nie vergessen, dass diese Kartendienste eine Technologie sind – und die machen Fehler und/oder werden teilweise mit minderwertigen oder falschen Daten gefüttert. Gerade Adressen auf dem Land haben im Internet oft andere Namen als im echten Leben.

Als Übung können Sie Ihre eigene Adresse suchen. Wird die Adresse, das Haus, korrekt angezeigt? Wenn ja – dann wissen Sie das jetzt. Wenn nein – dann wissen Sie das jetzt auch! Im Falle von „Nein“: Sehen Sie sich Ihr Zuhause auf der Karte an und drücken Sie lange auf Ihr Haus drauf – dann erscheint eventuell eine Adresse dazu.

Stimmt sie? Passt nur die Straßenbezeichnung nicht? Merken Sie sich das genau: Im Falle eines Notfalls sollten Sie wissen, wie Ihr Zuhause von einem Fremden gefunden werden kann, der vielleicht mit einem Navi oder mit dem Smartphone zu Ihnen navigieren will!

Ich kenne Geschichten, da passt die Adresse einer Familie auf dem Land überhaupt nicht zu der, die auf Google Maps angezeigt wird. Diese Familie gibt bei Notrufen, oder wenn ein Fremder zu ihnen nach Hause kommen soll, immer genau den Weg an (Gasse A, dann rechts, dann die dritte Gasse links, das vierte Haus). Stellen Sie sich nur vor, der Rettungswagen soll rasch kommen, fährt aber ganz woanders hin – nicht auszudenken.

Ab jetzt können Sie sagen: „Sie finden meine Adresse richtig auf Google Maps“ oder „Bitte, nicht mit Google Maps zu mir navigieren!“.

Navigation mit Kartendiensten

Neben Karten anzusehen und Orte zu suchen gibt es die Funktion des Navigierens, die Kartendienste auf Smartphones so interessant machen.

Sie kennen sicher ein Navigationsgerät in einem Auto. Die sind oft nicht serienmäßig enthalten, und es kostet eine Menge Geld, damit sie im Auto eingebaut werden. Jetzt stellen Sie sich vor: Mit einem Smartphone haben Sie zu jeder Zeit ein vollwertiges Navigationsgerät in Ihrer Tasche und somit auch in Ihrem Auto!

Nicht nur das – da ein Handy die aktuellen Daten ständig aus dem Internet bezieht, ist es immer auf dem neuesten Stand. Mein Auto ist zum Zeitpunkt der Erstellung dieses Buches schon ein paar Jahre alt, und das eingebaute Navi ist genauso alt. Das neue Kartenmaterial würde mich zwischen 100 und 200 Euro kosten, und dann würde die Alterung wieder von Neuem beginnen. Das habe ich nicht nötig – eine Handyhalterung, bei mir im Lüftungsschlitz in der Mittelkonsole eingebaut, kostet keine 20 Euro. Dazu noch ein Netzteil für den Zigarettenanzünder und ein gutes Ladekabel, und ich bin bei maximal 50 Euro Kosten angekommen – für ein ständig aktuelles Navi!

Eine Lademöglichkeit im Auto empfehle ich ohnehin, da ein ständig eingeschalteter Bildschirm bekanntermaßen viel Strom braucht und der Akku dadurch bei der Ankunft leer sein könnte.

Starten Sie wieder eine Suche in der Suchzeile, und geben Sie Ihren Zielort ein. Achten Sie wieder darauf zu überprüfen, ob dieser Ort auch stimmen kann. Wenn Sie sich sicher sind – dann finden Sie unten einen blauen Knopf, auf dem „Route“ steht. Blau ist bei Google Maps (auch bei „Karten“ am iPhone) die Farbe, die ein Vorankommen in der App – den nächsten Schritt – anzeigt. Tippen Sie auf „Route“, und es wird Ihnen auf einer Übersichtskarte in sattem Blau die Route angezeigt, die Sie nehmen können. Sie finden auch eine Zeitangabe auf dem Bildschirm, wie lange Sie auf dieser Strecke brauchen und ob es eine Strecke mit Maut ist (in Österreich wären das zum Beispiel alle Autobahnen, da dort Vignettenpflicht herrscht). Auf der Strecke sehen Sie auch aktuelle Verzögerungen in Orange (langsames Vorankommen) oder Rot (Stau). Woher weiß Google von diesen Verzögerungen? Weil andere Handys auf dieser Strecke unterwegs sind und diese Daten ständig von Google ausgewertet werden. Wenn sich viele Handys statt mit 130 km/h auf einer Autobahn nur mit 20 km/h bewegen, kann Google daraus schließen, dass dort ein Stau ist, und warnt dementsprechend andere Nutzer, diese Strecke in diesem Moment vielleicht nicht zu befahren.

Sie werden in Grau eventuell noch andere Routen angezeigt bekommen, die Sie mit einem Tipp darauf auswählen können. Vielleicht wollen Sie ja eine andere Strecke wählen, weil Sie diese besser. Es wird Ihnen nun die andere Strecke blau angezeigt. Oben am Bildschirm

finden Sie Start- und Zielort, dazu später mehr. Gleich darunter befinden sich von links nach rechts aufgereiht die Verkehrsmittel, die Sie wählen können.
Ganz richtig – die App erstellt die Streckenführung mit verschiedenen Verkehrsmitteln (mit dem Auto, zu Fuß, mit dem Fahrrad, und mit öffentlichen Verkehrsmitteln).
Ein Beispiel: Sie befinden sich in einer großen Stadt und wollen die nächste Sehenswürdigkeit erreichen, wissen aber nicht, in welcher Richtung sie sich befindet und wie lange Sie dorthin brauchen. Navigieren Sie dorthin! Wählen Sie als Verkehrsmittel „zu Fuß“ und Sie werden sehen, wie lange Sie dorthin gehen müssen. Wenn es nur ein paar Minuten sind, zahlt es sich wahrscheinlich aus, gleich zu Fuß zu gehen und nicht den Bus, die U-Bahn oder ein Taxi zu nehmen. Halten Sie dabei einfach Ihr Handy in der Hand und folgen Sie den Anweisungen – immer mit Vorbehalt der Logik und des Hausverstandes (zum Beispiel wäre eine Autobahn zu kreuzen wohl keine gute Idee – auch wenn das angezeigt wird).
Starten Sie die Navigation mit dem blauen Knopf „Starten“. Der Kartenausschnitt zentriert Sie in der Mitte mit dem blauen Punkt und wird leicht schräg gestellt – wie bei einem Navi eben. Eine Stimme beginnt zu sprechen: „Starten Sie auf der Bundesstraße nach Norden …“, gefolgt von weiteren Anweisungen.
Der blaue Punkt (wo Sie gerade geortet werden) bewegt sich dann natürlich mit, wenn Sie sich bewegen. Auf dem Bildschirm wird Ihnen angezeigt, wie lange die Route noch dauert (Strecke und Zeit), und wann voraussichtlich die Ankunftszeit sein wird.

Wenn Sie beim Autofahren noch nie navigiert haben – üben Sie es zuerst. Führen Sie eine Navigation aus, während Sie Beifahrer sind. Navigieren Sie zu Fuß in Ihrer Heimatstadt. Lernen Sie die Bedienelemente und Funktionen besser kennen, bevor Sie sie in einem Auto benutzen!

Der Startpunkt einer Navigation ist standardmäßig der Ort, an dem wir uns gerade befinden. Das ist ja auch gut so – meistens will ich jetzt irgendwo hin.
Das muss aber nicht sein: Sie haben oben am Bildschirm, nachdem Sie die Route angezeigt bekommen haben, Start- und Zielort als zwei Zeilen angezeigt. Tippen Sie einfach in eine der beiden Zeilen, und es wird Ihnen wieder eine Eingabemaske angezeigt, in der Sie den jeweiligen Ort ändern können. Wozu soll das gut sein? Wenn Sie heute nach Linz zu einem Termin fahren, und morgen früh müssen Sie von dort aus nach Wien, dann sagt Ihnen die Strecke von meinem Zuhause in der Steiermark nach Wien nicht, wie lange Sie morgen Früh von Linz nach Wien brauchen werden. Genau diese beiden Orte muss ich als Start- und Zielort eingeben. Bei den drei Punkten rechts haben Sie noch die Möglichkeit, die Start- und Ankunftszeit einzustellen. Wenn Sie die Route am Sonntag um 17:00 Uhr nach der Fahrzeit prüfen, wird Ihnen sicher angezeigt, dass Sie sehr gut vorankommen. Wollen Sie die gleiche Strecke am Montag um 7:00 Uhr fahren, kann die Zeit viel länger sein, wenn Sie dadurch mitten im Berufsverkehr stecken!

Unterhaltung und Fortbildung: YouTube

Für junge Menschen stellt das Smartphone einen sehr wichtigen Teil Ihres Lebens dar. Neben mannigfacher Kommunikation über die verschiedensten Apps und Kanäle stellt auch Bildung bzw. Fortbildung und Informationsbeschaffung einen großen Teil der Nutzung dar.

Wir haben in einem früheren Kapitel schon die Verwendung von Suchmaschinen kennengelernt, mit der Sie alle nur erdenklichen Informationen aus dem Internet heraussuchen können. Natürlich darf aber auch Unterhaltung nicht zu kurz kommen – und dieses Kapitel befasst sich mit einer Mischung aus den beiden Kategorien.

YouTube ist eine Anwendung, auf der man sich Videos verschiedener Längen und zu allen möglichen Themen anschauen kann. Das ist aber nicht vergleichbar mit dem Fernsehen: YouTube selbst stellt die Inhalte nicht selbst her, sondern uns nur zur Verfügung. Alle Videos, die Sie dort finden, hat ein Mensch oder ein Unternehmen auf eigene Faust produziert. Die Menschen dahinter hoffen, dass die Videos uns gefallen und wir deshalb mehr von diesen Produzenten anschauen. In diesem Zusammenhang ist YouTube auch ein soziales Netzwerk, da um Aufmerksamkeit und Reaktionen unsererseits gerungen wird. Die Anwendung gehört seit 2006 zu den Google-Diensten (2) und es werden jede Minute weltweit 400 Stunden (!) neues Videomaterial hochgeladen (3). Das muss man sich mal vorstellen: Wollte man die neue

Videomenge eines Tages ansehen, die frisch auf YouTube hochgeladen wurde, würde man fast genau ein ganzes Jahr dafür brauchen!
Immer mehr Menschen – darunter viele Jugendliche – wählen als Ort der Weiterbildung oder Informationsbeschaffung nicht mehr vorrangig Google als Suchmaschine, sondern YouTube. Nahezu zu jedem beliebten Thema findet man ein passendes Video, das einen Sachverhalt gut aufbereitet erklärt. Ganz unter dem Motto: Wozu soll ich mir etwas durchlesen, wenn ich auch ein Video ansehen kann?

Ein Video suchen

Sie sehen auf dem Startbildschirm der App Videovorschläge (Sie können auch nach unten scrollen), die Sie interessieren könnten. Da Google, zu dem YouTube ja gehört, unsere Gewohnheiten und Präferenzen im Hintergrund auswertet, werden diese Videovorschläge immer besser, je mehr Videos Sie ansehen. Sie können aber auch direkt nach einem Video suchen: Tippen Sie oben rechts auf die kleine Lupe, um die Suchmaske zu öffnen. Geben Sie wie gewohnt Ihren Suchbegriff ein (oder tippen Sie auf das kleine Mikrofon, um den Begriff zu sprechen) und achten Sie wieder in den Zeilen darunter auf die passenden Vorschläge. Sobald ein Vorschlag passt, tippen Sie darauf (in der Mitte), ansonsten haben Sie auf Ihrer Tastatur rechts unten den „Suchen“-Knopf oder eine Lupe, um die Suche zu starten.

Es werden Ihnen zu dem Suchbegriff Videos angezeigt, und zwar wahrscheinlich eine ganze Menge davon. Welches sollen Sie jetzt aber ansehen – man hat ja (wahrscheinlich) nicht ewig Zeit? Wieder einmal müssen Sie das Suchergebnis bewerten.

Ganz oben wird Ihnen wahrscheinlich Werbung angezeigt. Was heißt das? Ein Unternehmen zahlt dafür, diesen Stellplatz zu bekommen. Sie können gerne draufklicken – dann zahlt das Unternehmen an YouTube eine kleine Gebühr. Für Sie als Nutzer hat das keine weiteren Auswirkungen! Darunter reihen sich Videos aneinander, die zu Ihrem Suchbegriff passen. Titelbild, Titel, Spiellänge, Produzent („Kanalname"), Aufrufe und Zeitpunkt des Hochladens werden uns angezeigt. Vielleicht kennen Sie ja den Kanal bzw. den Produzenten des Videos, dann steigt schon das Vertrauen in das Video. Die Anzahl der Aufrufe kann auch sehr hilfreich sein: Je öfter das Video bereits angesehen wurde (nach einer angemessenen Zeit), desto eher hat es anderen gefallen, und desto eher wird es wahrscheinlich auch Ihnen gefallen! So einfach ist das. Wenn das Video sehr neu ist (wenige Stunden oder Tage), dann sind die Aufrufe meistens noch nicht so hoch. Der Zeitpunkt des Hochladens kann Ihnen auch helfen zu entscheiden, ob das Video für Sie passt. Sie suchen etwa nach Videos zur aktuellen Innenpolitik? Dann wird Ihnen ein Video, das bereits drei Jahre alt ist, wohl nicht weiterhelfen. Tippen Sie dann einfach auf ein Video Ihrer Wahl, und es wird gestartet.

Während eines Videos

Jetzt wird es interessant. Bei einem sehr bekannten Kanal mit großer Reichweite kommt sehr wahrscheinlich zu Beginn eine kurze Werbung – dagegen können wir grundsätzlich nichts tun. Die Werbeeinblendungen sind sehr kurz und dafür da, dass der Produzent des Videos eventuell ein paar Cent verdient.

Es gibt verschiedene Arten, wie die Werbung beendet werden kann:
Entweder Sie müssen sie ganz anschauen (meistens Werbung, die nur wenige Sekunden lang ist), und danach beginnt das Video. Oder es wird Ihnen eine längere Werbung angezeigt (in der Länge von einer halben oder dreiviertel Minute etwa), dann läuft rechts im Video ein kleiner Countdown von fünf auf null, nach welchem Sie an gleicher Stelle auf „Werbung überspringen" tippen können. Erst dann können Sie das Video ansehen.

Welche Bedienungsmöglichkeiten stehen Ihnen während eines Videos zur Verfügung? Schauen wir uns einmal an, was wir sehen. Das Video wird am oberen Bildschirmrand dargestellt, und unterhalb finden sich einige Knöpfe und Informationen. Dazu gleich mehr.
Tippen Sie einmal in die Mitte des Videos, und es werden Ihnen Bedienelemente im Video eingeblendet. Vorsicht – diese verschwinden sehr schnell wieder, damit Sie ungestört das Video weiter genießen können. Hier müssen Sie also eher schnell sein bei Ihrer weiteren Eingabe.

Der wichtigste Knopf ist gleich der in der Mitte: der Pausen-Knopf. Wie wir schon früher in diesem Buch kennengelernt haben, besteht der Pause-Knopf aus zwei aufgestellten (vertikalen) Strichen und ein Tipp darauf hält das Video genau an dieser Stelle an.

Pause

Wenn Sie das gemacht haben, steht an gleicher Stelle jetzt der Play-Knopf („Abspielen“). Klar: Pausieren – Wiedergabe.

Play

Mit dem Symbol rechts davon, einem Pfeil, der nach rechts gegen eine kleine Wand stößt, können Sie das nächste Video starten, also „Vorspringen“. Die Knöpfe am oberen Videorand beschäftigen sich mit Autoplay, das heißt ob das nächste Video automatisch gestartet wird, das „CC“ lässt Sie Untertitel einblenden, und im Drei-Punkt-Menü sind noch ein paar weitere Einstellungen wie etwa zur Qualität zu finden.

Links oben im Video ist ein kleiner Pfeil nach unten, damit können Sie das Video minimieren. Es wird dann als kleiner Balken am unteren Bildschirmrand angezeigt und kann dort weiterlaufen. Um das Video in diesen Balken unten zu bekommen, haben Sie drei Möglichkeiten: Den kleinen Pfeil links oben tippen wie eben beschrieben, Sie können das Video „nach unten wischen" oder einfach einmal die Zurück-Taste tippen – hat alles denselben Effekt. Ich weiß, dass das irritierend sein kann, wenn der Ton eines Videos noch läuft (und das Bild läuft ganz klein im Balken unten auch weiter). Um das Video zu pausieren, drücken Sie im Balken die Pause-Taste. Wenn Sie das Video schließen wollen (das wird der häufigste Anwendungsfall sein), tippen Sie auf das kleine „X". Dann hat das Video endlich aufgehört! Der Balken unten hat den Sinn, dass das Video weiterläuft (ein Musikvideo eventuell?) und Sie in der Zwischenzeit das nächste Video in Ruhe suchen können. Tippen Sie wieder auf den Balken, wird es wieder oben am Bildschirm angeheftet.

Diese eher kleine Ansicht oben am Bildschirm könnte für Sie eventuell unzufriedenstellend sein – wozu haben wir so große Bildschirme bei unseren modernen Geräten? Ganz einfach – stellen Sie auf Vollbild! Um dies zu erreichen, haben Sie zwei Möglichkeiten: Sie können bei eingeschaltetem „Bildschirm-Drehen" in der Schnellsteuerung (Sie können sich erinnern?) einfach Ihr Gerät zur Seite drehen, dann füllt das Video den Bildschirm aus. Oder Sie tippen auf das Symbol rechts unten im Video, das wie ein Quadrat mit unterbrochenen Kanten aussieht. An dieser Stelle ist in fast allen

Videoabspiel-Anwendungen das Symbol für „Vollbild“ versteckt. So können Sie Ihr Video maximal genießen! Zum Beenden des Vollbildvideos handeln Sie einfach entgegengesetzt: Gerät wieder in die Ausgangsposition drehen oder wieder rechts unten im Video das Symbol tippen (das sieht jetzt aus wie ein Quadrat, das sich nach innen verkleinern will).

Links unten sehen Sie die verstrichene Zeit und die Gesamtdauer des Videos, und am unteren Rand des Videos befindet sich ein roter Strich/Balken mit einem roten Punkt (der Punkt ist nur sichtbar, solange die Bedienelemente sichtbar sind). Dieser rote Strich zeigt prozentuell an, wo Sie sich im Video befinden. Wenn der rote Strich also bis zur Hälfte des Videofensters reicht, ist – richtig – die Hälfte des Videos um. Solange die Bedienelemente sichtbar sind (wenn Sie in die Mitte des Videos tippen), auch solange pausiert ist, können Sie den roten Punkt verschieben. Schieben Sie ihn einfach auf die Position im Video, die Sie ansehen wollen. Dabei erscheint praktischerweise auch ein kleines Vorschaubild, damit Sie sehen können, was im Video an dieser Stelle vorkommt. Lassen Sie dann den Finger los, und das Video läuft (nach einer kurzen Ladezeit) wieder weiter. Wozu ist das gut? Angenommen, Sie kennen ein Video bereits und wollen nur einen bestimmten Teil davon ansehen, dann „springen“ Sie gleich dorthin. Oder – auch sehr wichtig – Sie wollen einen bestimmten Teil nochmal ansehen. Und nochmal, und nochmal! Gerade bei Anleitungen ist das hilfreich.

An dieser Stelle möchte ich erwähnen (nicht ganz uneigennützig), dass ich bereits sehr viele Lehrvideos auf YouTube zum Thema Smartphones hochgeladen habe, die Sie gratis ansehen können. Sie finden meine Videos, wenn Sie in der Suchzeile „Handykurse Dr. Kreim" eingeben. Wenn ich etwas zu schnell erklärt habe oder Sie einen Teil nochmal sehen wollen – spulen Sie einfach zurück und sehen Sie es sich nochmal an!

Abonnieren, liken und teilen

Unter dem eigentlichen Video sehen Sie den Titel fettgedruckt, die Anzahl der Aufrufe und die Zeitspanne, wie lang es her ist, dass das Video hochgeladen wurde. Darunter gibt es eine Leiste mit mehreren Symbolen: Daumen hoch, Daumen runter, Teilen, Herunterladen, Speichern.

Wozu sind diese Knöpfe gut? Mit „Daumen hoch" und „Daumen runter" können Sie schnell Ihre Meinung zum Video abgeben, um anderen zu helfen, ob sie dieses Video ansehen sollten. Sie können damit auch dem Produzenten des Kanals Rückmeldung geben, ob das Video gut angekommen ist oder nicht – für dessen kommende Produktionen. Und Produzenten freuen sich, wenn sie einen „Daumen hoch" bekommen, nur so nebenbei.

„Teilen" öffnet eine ganze Liste von Apps, mit der Sie dieses Video in anderen Apps verwenden können: an Kontakte versenden per Mail, WhatsApp, in sozialen Medien wie Facebook oder Instagram posten und so weiter. Das bietet sich an, wenn Ihnen ein Video so gut gefallen hat, dass Sie es unbedingt anderen zeigen möchten – zum Beispiel in einer WhatsApp-Gruppe! „Herunterladen“ lässt Sie das Video auf Ihrem Gerät speichern – dazu ist aber eine kostenpflichtige Anmeldung bei YouTube Premium notwendig.

„Speichern“ macht genau das – das Video wird in einer Ihrer Playlists gespeichert. Eine Playlist ist eine beliebige Ansammlung von Videos, die man selber zusammenstellen kann, die dann gemeinsam nacheinander abgespielt wird – zum Beispiel eine Playlist mit Ihren Lieblingsliedern.

Eine weitere Zeile darunter finden Sie ein Logo und den Namen des Kanals bzw. Produzenten des Videos gemeinsam mit der Anzahl der Abonnenten. Je größer diese Zahl ist, umso bekannter ist der Kanal schon und desto eher können Sie davon ausgehen, dass auf diesem Kanal hochwertiger bzw. zumindest beliebter Inhalt gezeigt wird. Um den Produzenten zu unterstützen und um kein weiteres neues Video zu versäumen, können Sie gleich rechts auf die rote Schrift „Abonnieren“ klicken. Abonnieren ist auf jeden Fall kostenlos für Sie und kann jederzeit wieder abgemeldet werden! Das Wort ändert sich zu „Abonniert“, wird jetzt in grau dargestellt und es erscheint eine Glocke rechts daneben. Tippen Sie auf die Glocke, und Sie können aus drei Optionen auswählen: „Alle“ (eine läutende Glocke) zeigt Ihnen alle neuen Videos des Kanals – dieses Symbol empfehle ich Ihnen. „Personalisiert“ zeigt für jeden Nutzer unterschiedliche neue Inhalte, und „Keine“ zeigt Ihnen keine neuen Videos in den Benachrichtigungen. „Keine“ stellt also tatsächlich mehr oder weniger eine Unterstützungserklärung dar, obwohl Sie nicht vordergründig ständig neue Videos sehen wollen. Wenn Sie auf den Kanalnamen tippen, können Sie den Kanal sehen und alle Videos darin.

Unter den Infos über den Kanal gibt es noch die Möglichkeit, Kommentare zu lesen und selbst welche zu schreiben. Nutzen Sie diese tolle Möglichkeit, um mit dem Produzenten in Kontakt zu treten oder mit anderen Sehern dieses Videos zu sprechen.

Weiter unten werden Ihnen weitere Videos vorgeschlagen, die YouTube zu diesem einen Video passend findet. So können Sie sich von Video zu Video fortbewegen – und im Nu ist eine Menge Zeit vergangen, in der man mehrere Videos angesehen hat... Sie sehen, YouTube eignet sich sehr gut für Weiterbildung und Unterhaltung!

An dieser Stelle möchte ich nochmals darauf hinweisen, dass ausgiebiger Videokonsum über das Internet (so wie YouTube) sehr viel Datenvolumen verbrauchen kann und Sie das eher tun sollten, während Sie mit einem WLAN verbunden sind.

E-Mail senden und empfangen

Wir haben im Laufe dieses Buches schon mehrere Arten zu kommunizieren kennengelernt: Telefonieren über die Sprache, und SMS und WhatsApp hauptsächlich über Text und Medien. Dabei haben wir stets eine andere Telefonnummer erreicht (Festnetz oder Mobilanschluss) oder wir waren sogar auf eine Internetverbindung angewiesen (WhatsApp und andere Messenger-Dienste). Einen letzten wichtigen Teil digitaler Kommunikation möchte ich Ihnen nicht vorenthalten – eine E-Mail schreiben bzw. empfangen. Es erscheint paradox, dass ich diese Art der Kommunikation als letzte anführe – war sie doch bereits vor der SMS und Messenger-Diensten vorhanden und weit verbreitet (28).

Sie kennen E-Mails sicher (englisch für „elektronischer Brief") vom Computer oder aus dem Berufsleben. Tatsächlich ist eine E-Mail, wie ein Brief, immer noch etwas Besonderes, das einen gewissen Stellenwert hat. Wenn man eine E-Mail schreibt, hat das immer einen gewissen offiziellen Charakter.

E-Mails schreibt man an Geschäfte, Ämter, Banken, Unternehmen, Hotels, Gemeinden, Behörden und ähnliche, weil die persönliche Kontaktaufnahme über Mobilfunknummern und Messenger-Dienste dort nicht vorgesehen ist.

Wie empfange ich E-Mails?

Zuerst müssen wir klären, wie Sie überhaupt zu der Möglichkeit kommen, E-Mails empfangen zu können. Natürlich gibt es Apps dafür – E-Mail-Anwendungen. Dass diese aber korrekt funktionieren, kann leicht gehen oder schwer. Ich zeige Ihnen einen Weg – einen leichten.

Grundsätzlich: Um Mails bekommen zu können, brauchen Sie eine E-Mailadresse, ein Passwort dazu, und vielleicht auch noch die Daten vom Posteingangsserver, vom Postausgangsserver und der Art der Verschlüsselung.

Sie sehen, das hört sich gar nicht so einfach an. Wenn Sie diese Daten Ihres E-Mailanschlusses kennen, sind Sie auf der sicheren Seite und können sich bei jedem erdenklichen Gerät (Computer, Smartphone, Tablet jeder Marke und Ausführung) ein E-Mailkonto einrichten. Da diese Daten aber eher kompliziert zu verstehen sind und sehr schwer auswendig zu merken sind (ich selber merke mir die nie!), kann das bei der Einrichtung schwierig werden.

Ich weiß das aus Erfahrung: Ähnlich der Tatsache, dass Drucker bis heute immer noch Sorgenkinder beim Aufbau einer funktionierenden Computer-Umgebung sein können, verhält es sich beim E-Mail. Ein Zeichen oder eine Zeile falsch ausgefüllt oder ein Kästchen falsch angeklickt, und schon geht nichts mehr.

Lassen Sie sich aber nicht beunruhigen. Glücklicherweise bieten die Anbieter von E-Maildiensten eigene Apps an, und dort ist alles voreingestellt. Sie können dann vielleicht nicht das voreingestellte Mailprogramm nutzen, das auf Ihrem Computer (Microsoft Outlook vielleicht) oder Ihrem Handy vorinstalliert ist. Das macht aber nichts – nutzen

Sie eben Gmail (von Google standardmäßig auf Ihrem Android-Smartphone vorinstalliert) bzw. „Mail“ von Apple, auf dem dann Ihre iCloud-Mailadresse eingestellt ist. Weiters extra installierbar stehen Ihnen dann etwa GMX, Hotmail, Yahoo Mail und ähnliche als eigenständige Apps zur Verfügung.
Da Sie bei Ihrem Android- oder Apple-Smartphone mit ziemlicher Sicherheit ein Konto angelegt haben (ein Google-Konto oder iCloud-Konto), haben Sie auch automatisch eine E-Mailadresse. Sehr praktisch! Sollten Sie das noch nicht haben, empfehle ich Ihnen nochmals das Kapitel „Einrichtung eines Google- bzw. iCloud-Kontos“.

Einrichtung von Gmail bzw. iCloud-Mail

Suchen Sie auf Ihrem Smartphone die App „Gmail“ und tippen Sie drauf. Sollten Sie dies zum ersten Mal dies tun, müssen Sie die App wie immer erst einrichten. Wählen Sie das passende Google-Konto aus (falls Sie mehrere gleichzeitig nutzen), erteilen Sie eventuell Berechtigungen und stimmen Sie Datenschutzbestimmungen zu. Tippen Sie oben rechts auf den farbigen Kreis mit einer Ihrer Initialen (Vorname wahrscheinlich) und Sie sehen Ihr Konto und auch Ihre E-Mailadresse, falls Sie diese jemandem mitteilen wollen!

Am iPhone öffnen Sie Ihre Einstellungen-App (das graue Zahnrad) und tippen auf den ersten Punkt ganz oben, Ihr Profil. Nach Ihren persönlichen Daten steht etwas weiter unten der Punkt „iCloud“ zur Verfügung – tippen Sie dort drauf und legen Sie den Schalter bei „Mail“ um, dass er grün leuchtet. Gehen Sie zurück auf den Startbildschirm und öffnen Sie die Mail-App (ein weißer Briefumschlag auf blauem Grund).

E-Mails lesen

Bei Gmail befindet sich vor Ihnen nun der Posteingang, und bei Apple ein paar Postfächer. Tippen Sie bei Ihren iPhone auf „Eingang“.

Das ist der wichtigste Ordner im E-Mailsystem (mehr zu verschiedenen Ordnern später). Hier sehen Sie in zeitlich absteigender Reihenfolge Ihre E-Mails nach Konversationen (nicht nach Kontakten) geordnet.

Wenn die Wörter fett geschrieben sind (bei Gmail) bzw. wenn eine kleine blaue Kugel links der Nachricht sichtbar ist (beim iPhone), bedeutet das, dass Sie die Mail noch nicht gelesen haben.

Um eine Mail zu lesen, tippen Sie einfach wie immer in die Mitte der Zeile auf den Namen. Es erscheint die Nachricht mit all ihren Bestandteilen: Ganz oben oder unten erscheinen ein paar Symbole (Archivieren, löschen, schreiben, antworten und ein Kuvert „als ungelesen markieren“), und darunter steht groß der „Betreff“ der Nachricht, also worum es geht. Darunter sehen Sie den Absender, und dann den Text der Nachricht.

Sie können in der Mail-App auch mit zwei Fingern zoomen, falls Ihnen der Text zu klein ist. Nach der Nachricht sehen Sie noch etwaige angehängte Bilder und Dokumente, und

darunter die drei Felder zur weiteren Verwendung der Mail.
Mit der Zurück-Taste kommen Sie wieder in den Posteingang zurück und siehe da, die Nachricht steht jetzt nicht mehr in fett geschrieben, sondern ganz „normal" bzw. die blaue Kugel ist verschwunden.
Um den Überblick bestmöglich zu behalten, empfehle ich Ihnen hier, bei jeder Benutzung der App alle ungelesenen Nachrichten zu lesen, damit sie nicht mehr fett dargestellt werden. Erst dann sollten Sie die Arbeit mit dieser App beenden. So wissen Sie, dass jedes Mal, wenn Sie die App wieder nutzen, nur neue Nachrichten da sind, die Sie lesen müssen.

Eine neue E-Mail schreiben

Um eine neue Mail zu schreiben (nicht in einer bereits bestehenden Konversation, sondern ganz neu), finden Sie im Posteingang rechts unten ein Symbol.
Dieses kann ein schräggestellter Stift, ein farbiges Plus oder „Neue Nachricht" bzw. „Schreiben" sein. Mails beantworten und weiterleiten folgen in einem späteren Punkt.
Dazu ist nochmals wichtig zu sagen, dass Mails nicht nach Personen zusammengefasst werden wie bei SMS und WhatsApp, sondern nach Konversationen selbst. Wenn Ihnen ein Freund eine Mail zum Thema „Wanderausflug" schreibt, können Sie sich gegenseitig schreiben und alles bleibt mit dieser Mail bzw. diesem Thema verbunden. Man weiß also, in welcher Konversation man sich befindet,

ohne dies jedes Mal neu ansprechen zu müssen („Wanderausflug“). Sie können mit dem gleichen Freund auch weitere Konversationen betreiben, zum Beispiel eine über Ihren Lieblings-Fußballverein. Der Wanderausflug und der Fußballverein stellen dann zwei getrennte Zeilen in Ihrem Posteingang dar.
Wenn es also um eine neue Sache geht, die Sie nicht bereits in einer Konversation besprechen, schreiben Sie eine neue Mail.
Tippen Sie auf das beschriebene Symbol rechts unten für eine neue Nachricht, und eine neue Mail wird geöffnet.
Hier sehen Sie ein paar Zeilen, die gefüllt werden wollen.
Der Ablauf für eine neue Mail ist in allen Programmen und Anwendungen und auf allen Geräten (PC, Laptop, Handy, Tablet, ...) der gleiche!
„Von“ (wird beim iPhone nicht angezeigt) zeigt Ihnen Ihre eigene E-Mailadresse an. Falls Sie verschiedene Adressen auf Ihrem Gerät eingerichtet hätten, könnten Sie hier die Senderadresse ändern.
Bei „An“ blinkt bereits der Cursor (der senkrechte Strich), bereit für Ihre Eingabe. Hier wird die E-Mailadresse des Empfängers eingetragen.
Wenn Sie in Ihrem Telefonbuch bei einem Kontakt eine E-Mailadresse gespeichert haben (siehe Kontakt erstellen / bearbeiten), können Sie hier den Kontakt reinschreiben und auf den passenden Vorschlag tippen.
Ansonsten müssen Sie penibel die E-Mailadresse eingeben. Bitte achten Sie darauf, dass sie dieses Zeichen enthält: „@“. Das ist das „at“-Zeichen (nicht zu verwechseln mit der österreichischen Endung für

Internetseiten „.at“). Ohne den „Klammeraffen“ (so heißt das Zeichen im deutschen Sprachgebrauch auch noch) ist es keine E-Mailadresse!

„Betreff“ ist dafür da, zu beschreiben, worum es in der Mail geht. Der Empfänger sollte sofort beurteilen können, ob die Mail für ihn jetzt wichtig ist oder später gelesen werden kann. Bedenken Sie – berufstätige Menschen erhalten täglich oft hunderte Mails und müssen ständig entscheiden, ob es die Zeit wert ist, genau diese Mail jetzt anzusehen.

Weniger wichtige bzw. weniger dringliche Mails kann man auch dann lesen, wenn es die Zeit besser erlaubt. So hilft uns der Betreff, eine Vorauswahl zu treffen. Seien Sie so kurz wie möglich und so lang wie nötig: „Urlaub nächsten Sommer“, „Kaufvertrag Liegenschaft“ oder „Katzenbilder“ unterscheiden sich doch erheblich von der Dringlichkeit und Wichtigkeit, nicht wahr?

Dann fehlt nur noch der Text. Schreiben Sie Ihr Anliegen in jeglicher Form, die Ihnen passt oder die nötig ist.

Ein paar Tipps zum Inhalt gebe ich Ihnen doch gerne: Da E-Mails immer noch Briefen ähneln, wie wir sie früher geschrieben haben (teilweise, aber viel weniger, noch immer), dürfen Sie gerne etwas auf die Form achten.

Eine Anrede zum Beispiel könnte lauten: „Sehr geehrte Frau ...“ oder „Sehr geehrte Damen und Herren“. Wir haben ja schon festgestellt, dass Mails oft eher offiziellen Charakter haben und Sie oft etwas von Ihrem Gegenüber wollen oder brauchen, da passt das schon ganz gut im Gegensatz zu gar nichts oder einer eher saloppen Begrüßung.

Ähnliches rate ich Ihnen auch bei der Verabschiedung: Gängig ist tatsächlich „Mit freundlichen Grüßen“ oder „Beste Grüße“, oder welche höfliche Verabschiedung Ihnen sonst noch einfällt.

Darunter platzieren Sie dann zumindest Ihren Namen, damit man weiß, wer die Mail geschickt hat. Nein, das ist nicht immer klar! Wahrscheinlich haben Sie eine E-Mailadresse, die Ihren Namen auf die eine oder andere Weise enthält. Das ist in Ordnung, weil man so zwischen Kontakten unterscheiden kann. Stellen Sie sich vor, wir alle hätten eine Nummer (wie die Telefonnummer etwa) oder XY234mk@gmail.com als Adresse – keiner wüsste, wer da jetzt schreibt! Wenn es um wichtige Dinge geht in der Mail, sollten Sie eventuell auch Ihre Telefonnummer oder Wohnadresse bekanntgeben, damit Ihr Gegenüber Sie bestmöglich erreichen kann. E-Mailadresse ist dort zum Schluss eher nicht notwendig, da diese ohnehin ganz oben in der Mail ersichtlich ist – es schadet aber auch nicht, sie dazuzuschreiben.

Mails beantworten und weiterleiten

Eine neue Mail fängt immer eine Konversation an – das haben wir schon besprochen. Es ist aber nicht notwendig, immer eine neue Mail zu schreiben: Oft wollen wir „nur“ auf eine bereits bekommene Mail antworten oder diese an einen anderen Empfänger weiterleiten.

E-Mail-Anwendungen bieten immer die gleichen Funktionen, wenn es ums Verwerten einer Mail geht: „Antworten“, „Allen Antworten“ und „Weiterleiten“. Was ist der Unterschied? Das sehen wir uns jetzt genauer an. Sie finden in der Mail-App diese drei Knöpfe am unteren Rand jeder Mail (beim iPhone im Pfeil nach links ganz unten öffnet sich ein Untermenü).

„Antworten“: Hier wird nur der Sender der Mail mit einer Antwortmail kontaktiert. Sie denken sich jetzt vielleicht: „Wieso nur der Sender? Wer denn sonst noch?“. Das ist eine berechtigte Frage. Auf den vorherigen Seiten haben wir besprochen, dass Sie in der „An“-Zeile Ihren Empfänger eingeben.

Überraschung: Sie können auch mehrere Empfänger hintereinander eingeben, die alle diese Mail dann erhalten! Jeder dieser Empfänger erreicht mit der „Antworten“-Funktion dann genau wieder Sie – aber nicht alle anderen, die auch als Empfänger eingetragen waren! Zusätzlich gibt es, wenn Sie im Feld „An“ rechts auf den kleinen Pfeil nach unten tippen, noch zwei Zeilen für Empfänger, nämlich „CC“ und „BCC“. Beim iPhone spart man sich diese Buchstaben und nennt diese Zeile „Kopie / Blindkopie“. „CC“ steht für „Carbon Copy“ („Kopie“) und bedeutet, dass ein Empfänger dort eingetragen wird, der quasi einen Durchschlag, eine Kopie dieser Mail erhalten soll und sich nicht unbedingt als einer der Hauptempfänger betrachten soll. Hört sich kompliziert an? Ist es nicht – ein Beispiel: Ich schreibe meinem Kollegen eine Mail mit ein paar wichtigen Inhalten. Diesen Kollegen trage ich natürlich in die „An“-Zeile ein. Gleichzeitig trage ich aber auch meinen Chef in der „CC“-Zeile ein – er bekommt jetzt ganz normal die Mail, weiß aber, dass er nur mitlesen braucht und nicht unbedingt Stellung dazu nehmen muss (er kann, wenn er es für sehr wichtig hält). Mein Kollege hingegen weiß, dass er ein Hauptempfänger ist und auf diese Mail reagieren oder antworten soll.

„BCC" heißt „Blind Carbon Copy" („Blindkopie") und funktioniert gleich wie „CC", nur, dass die anderen Empfänger nicht sehen, wer in der Zeile „BCC" steht. Das ist in der Tat etwas heimtückisch – mein Kollege würde nicht sehen, dass zum Beispiel der Chef meine Mail an ihn mitlesen würde. „BCC" sind eher dafür gedacht, den Datenschutz zu wahren und nicht alle Mail-Adressen jedem Empfänger auf dem Silbertablett zu präsentieren. Außerdem würde die „An" und „CC"-Zeile bei manchen Mailaussendungen einer Firma oder eines Vereins sehr voll aussehen, wenn dort vielleicht hunderte Mail-Adressen stehen würden.

Also – wenn Sie jetzt auch die Empfänger in der „CC"-Zeile sowie alle anderen regulären Empfänger in die Antwort miteinbeziehen wollen, wählen Sie einfach „Allen Antworten" aus. Dann bekommen alle Empfänger (egal ob Hauptempfänger in „An" oder Nebenempfänger in „CC") Ihre Antwort, obwohl der Sender allein das eigentliche Ziel dieser Antwort. Die Empfänger in der Zeile „BCC", die von keinem gesehen werden können, werden bei „Allen Antworten" nicht miteinbezogen.

Neben der mehr oder weniger einfachen Funktion des Antwortens haben Sie noch eine Möglichkeit, eine Mail zu verwerten: „Weiterleiten" – tut genau das, wonach es sich anhört. Angenommen, Sie erhalten eine Mail, die so wichtig oder interessant ist, dass Sie der Meinung sind, dass sie noch jemand anderes sehen soll außer Ihnen selbst und dem Absender. Dann wählen Sie „Weiterleiten“, suchen Ihre(n) Empfänger aus und senden die Mail weiter. Jeweils beim Antworten und beim Weiterleiten können Sie selbst noch beliebig eine Nachricht dazuschreiben. Die ursprüngliche Nachricht bleibt im Text weiter unten erhalten (bei den meisten Anbietern voreingestellt), womit man sehr gut den bisherigen Verlauf der Konversation nachvollziehen kann.

Eine Datei an eine Mail anhängen

Da Mails, wie wir bereits festgestellt haben, oft in der Kommunikation mit offiziellen Stellen eingesetzt werden, ist es auch oft relevant, nicht nur Text zu senden, sondern auch Nachweise und Dokumente.

Eine Datei mit einer Mail mitzuschicken, nennt man „anhängen“. Wie hänge ich jetzt eine Datei an eine Mail an? Mit einer Büroklammer!

Angenommen, Sie haben in echt ein Dokument vor sich (ein Attest, einen unterschriebenen Vertrag, eine Buchungsbestätigung oder Ähnliches) und wollen dieses als Nachweis anhängen. Machen Sie JETZT (direkt bevor Sie es schicken wollen) ein Foto davon. Achten Sie darauf, dass das Stück Papier vollständig auf dem Foto zu sehen ist, die Belichtung stimmt, das Foto scharf ist und Sie das Handy nicht zu schräg halten. Nutzen Sie dazu die Galerie und zoomen Sie in das Foto hinein, um die Qualität zu prüfen.

Danach öffnen Sie Ihre Mail-App (in diesem Fall wahrscheinlich Gmail) und beginnen Sie, eine neue Nachricht zu schreiben.
Füllen Sie wieder wie beschrieben die notwendigen Felder aus („An“, „Betreff“ und Text), und fügen Sie zum Schluss das soeben gemachte Foto hinzu.
In Gmail tippen Sie dazu oben rechts auf die kleine Büroklammer und dann auf „Datei anhängen“. Es wird Ihnen ein Ordnersystem angezeigt mit der Überschrift „Zuletzt verwendet“.
Am iPhone drücken Sie lange an die Stelle im Text, an der das Foto eingefügt werden soll. Es erscheint ein kleines, schwarzes Zwischenmenü, bei dem Sie wahrscheinlich mit dem Pfeil ganz rechts weiterblättern müssen, bis zu „Foto od. Video einfügen“ bzw. „Dokument hinzufügen“ und sogar „Dokument scannen“.
Sie können – wenn Sie die Eigenheiten von Ordnersystemen verstehen, auch andere Ordner durchsuchen, um Dateien zu finden. Dass Ihnen aber bereits die zuletzt verwendeten Dateien (auch Fotos sind Dateien) angezeigt werden, ist in Wahrheit ein Segen – haben Sie nicht direkt bevor Sie diese Mail begonnen haben, ein Foto gemacht? Tippen Sie auf den Namen der ersten Datei, die Sie dort sehen (das sollte Ihr Foto von eben sein – erkennbar am kleinen Vorschaubild), um es in die Mail einzufügen. Sollten Sie direkt auf das kleine Vorschaubild getippt haben, können Sie wie immer beim Markieren mehrere Dateien auswählen und müssen dann rechts oben auf „Fertig“ tippen, um die Dateien in die Mail einzufügen. Scrollen Sie bei der Mail anschließend nach

unten (nach oben wischen!) und Sie sehen jede einzelne angehängte Datei! Sollten Sie eine falsche Datei gewählt haben, können Sie sie mit dem kleinen „X“ aus der Mail entfernen. Beim iPhone löschen Sie ein Bild einfach, indem Sie es wie ein Element im Text mit der Backspace-Taste löschen.
Wenn alles passt, können Sie die Mail wie gewohnt senden.

Wie kann ich Mails löschen?

Aus Erfahrung weiß ich, dass es vielen meiner Kunden wichtig ist zu wissen, wie man Inhalte am Smartphone löscht, damit sie einen nicht weiter stören.
Falls ich es noch nicht erwähnt habe: Der Speicherplatz sowohl am Gerät als auch auf den Servern im Internet, wo diese Mails gespeichert sind, ist üblicherweise groß genug, und Sie MÜSSEN nicht unbedingt Inhalte löschen. Vor allem Texte sind vom Volumen her so klein, dass sie zu Löschen keinen nennenswerten Gewinn bringt. Ganz im Gegenteil – das Auffinden älterer Nachrichten und Inhalte kann später mal Probleme lösen und Ihnen im Beweisfall zu einem Vorteil verhelfen.
Nichtsdestotrotz verbrauchen Mails auf einem Server im Internet (so wie Google Mail) immer Strom (auch wenn wir sie nicht ansehen – durch die reine Speicherung) und so können Sie der Umwelt helfen, indem Sie zumindest nicht benötigte und überflüssige Mails löschen.
Wie lösche ich nun eine Mail? Ganz einfach – öffnen Sie eine Mail, so als ob Sie sie lesen wollten. Rechts oben (links unten beim iPhone) finden Sie dann den kleinen

Papierkorb. Tippen Sie drauf, und die Nachricht wird gelöscht. Sie sehen dann noch einen Balken am unteren Bildschirmrand, der es Ihnen für ein paar Sekunden ermöglicht, die Löschung rückgängig zu machen (beim iPhone nicht). Da müssen Sie schnell sein – nach ein paar Sekunden ist diese Möglichkeit verschwunden! Keine Angst – Ihre gelöschte E-Mail ist noch nicht für immer aus der Welt, sondern wird in den Ordner „Gelöscht“ (auch „Papierkorb“, „Trash“ oder ähnliches genannt) verschoben. Mehr zu den Ordnern auf den nächsten Seiten.
Um in Gmail im Posteingang mehrere Mails auf einmal zu löschen, drücken Sie entweder lange in die Mitte der Mail (nicht fest), um Sie zu markieren (so wie immer), oder Sie tippen auf das Kontaktbild links (wenn es kein Bild ist, ist es ein farbiger Kreis mit einer der Initialen des Senders). Auf beide Arten wird die Mail farbig hinterlegt und mit einem Haken versehen. Markieren Sie auf Ihre bevorzugte Art mehrere Mails und tippen Sie dann oben auf den kleinen Papierkorb, um die Nachrichten zu löschen.

Das Ordner-System bei Mails

Messenger-Dienste (nicht so wie Mails) sind eher einfach aufgebaut: Mit einem Kontakt habe ich einen einzigen Nachrichtenverlauf; dort finde ich alles, was ich direkt mit diesem Kontakt geschrieben oder gesendet habe. Gelöschte Nachrichten sind auch gelöscht. Sende- und Lesebestätigungen finde ich direkt im Nachrichtenverlauf (Chat).

Mail-Anwendungen sind da etwas anders: Hier wird nicht der Posteingang (selbst der ist schon ein eigener Ort bzw. Ordner) nicht nach Kontakt sortiert, sondern nach Konversationen zu einem Betreff bzw. Thema. Ob eine gesendete Mail angekommen ist oder gelesen wurde, sehen Sie vorerst einmal gar nicht. Die meisten Mail-Anwendungen bieten zwar eine Lesebestätigung per Mail an, diese ist jedoch nicht voreingestellt und im Grunde eher lästig, da ständig Mails kommen, die keine eigentliche Nachricht beinhalten. Dennoch bietet E-Mail mit seinem Ordner-System eine relativ effiziente und logische Anordnung, wie Sie Ihre Mails organisieren und prüfen können.
Tippen Sie links oben auf die drei Balken (Sie wissen schon, dass bei den drei Punkten oder drei Balken oft sehr wichtige Einstellungen oder Menüpunkte versteckt sind) bzw. beim iPhone auf „Postfächer“, und das Ordnersystem erscheint.

„**Posteingang/Eingang**“: Das ist, wie schon früher besprochen, Ihr Hauptordner. Hier sehen Sie, welche Nachrichten eingegangen sind.

Darunter gibt es dann abhängig vom Mailprogramm verschiedene Ordner. Am Beispiel vom Gmail werden die Ordner hier erklärt.
„Alle Labels“ (engl. etwa für „Beschriftungen“, „Kennzeichnungen“) mit den verschiedenen Ordnern.

„**Markiert/Favoriten/VIP**“ (mit dem Stern) ist ein Ordner, der Ihre markierten, also favorisierten Mails sammelt. Den Stern haben Sie im Posteingang rechts neben jeder Mail. Wenn Sie dort drauftippen, wird die Mail als Favorit gespeichert und Sie finden sie im „Markiert“-. Es bietet sich an, besonders wichtige Mails (Flugtickets, Behördennachrichten oder Ähnliches) als Favoriten zu markieren. Sie sollten diese Favorisierung nur sehr sparsam nutzen. Stellen Sie sich vor, Sie markieren hunderte Mails als Favoriten – wie finden Sie dann wieder eine bestimmte Mail?

„**Ungelesen**“ zeigt Ihnen gesammelt an, welche Mails Sie noch nicht gelesen haben (welche also noch fett geschrieben sind).

„**Entwürfe**“ ist ein wichtiger und praktischer Ordner. Stellen Sie sich vor, Sie schreiben gerade eine wichtige Mail: viel Text, Bilder angehängt, zeitintensiv. Plötzlich werden Sie von einem Anruf unterbrochen oder Sie müssen eine WhatsApp-Nachricht lesen. Sie wechseln die App oder schließen die Mail-App und wollen dann wieder zu ihr zurückkehren. Ist die geschriebene Mail, die noch nicht abgeschickt wurde, jetzt verschwunden?! Natürlich nicht – sie befindet sich im „Entwürfe“-Ordner. Tippen Sie auf die gewünschte Mail und dann rechts auf den schrägen Stift, um die Bearbeitung fortzusetzen. Und dann ganz einfach die Mail senden, wenn Sie sie abgeschlossen haben!

„**Postausgang**“ zeigt uns Mails an, welche wir schicken wollten, die unser Gerät aber noch nicht verlassen haben. Die Abfolge beim Senden einer Mail ist folgende: Sobald Sie beim Verfassen einer Mail auf den Senden-Knopf tippen, wird die Mail in den Postausgang verschoben. Wenn alles stimmt und Sie eine Internetverbindung haben, wird die Mail von dort aus versendet und bei Ihnen in den „Gesendet“-Ordner verschoben. Im Postausgang ist sie dann nicht mehr zu sehen. Also: Idealerweise ist der Postausgang immer leer, wenn alles richtig funktioniert. Als Kontrolle können Sie den Postausgang prüfen, wenn der Empfänger keine Mail von Ihnen bekommen hat. Wenn die Mail noch im Postausgang steckt, kann er/sie sie gar nicht bekommen haben!

Der nächste Ordner ist auch schon der „**Gesendet**“-Ordner. Gemeinsam mit dem Postausgang stellt er Ihre Kontrolle dar, ob von Ihrem Gerät aus alles geregelt weggeschickt wurde. Kleiner Tipp: Sehen Sie nach dem Senden einer Mail immer gleich nach, ob die Mail im „Gesendet“-Ordner aufscheint (das sollte sie!) oder ob Sie nach ein paar Minuten eine Mail im Posteingang haben, die besagt, dass die Mailadresse nicht erreicht wurde. Das kann passieren, wenn es eine Adresse vielleicht nicht mehr gibt, Sie einen Tippfehler in der Mailadresse haben oder das Postfach des Empfängers so überfüllt ist, dass es keine neuen Nachrichten empfangen kann.

Im „**Papierkorb**“ landen alle Nachrichten, die Sie gelöscht haben. Jede Nachricht für sich wird automatisch nach 30

Tagen (bei Gmail und bei iCloud-Mail am iPhone) aus dem Papierkorb ganz gelöscht – Sie brauchen sich im Normalfall also nicht um den Papierkorb zu kümmern. Außer Sie wollen eine Mail wiederherstellen (falls sie wichtig ist – und auch nur innerhalb der nächsten 30 Tage): Öffnen Sie die betreffende Mail und tippen Sie auf die drei Punkte rechts oben (bei Gmail) bzw. drücken Sie lange auf die Mail und dort anschließend auf „Verschieben nach / E-Mail bewegen". Dort wählen Sie dann den Ordner Ihrer Wahl aus („Inbox" bzw. „Posteingang" wird in den meisten Fällen passen).

„**Spam**" beinhaltet Nachrichten, die das Mail-Programm automatisch als unwichtig, unpassend oder als Schrott erkennt und bewertet. Diese werden uns gar nicht erst im Posteingang angezeigt, sondern landen sofort im Spam-Ordner. Das funktioniert in den meisten Fällen gut – aber nicht immer! Wenn Sie eine wichtige Mail erwarten, schauen Sie immer auch im Spam-Ordner nach, ob sie nicht zufällig dort gelandet ist. Oft können Mails von ganz normalen Firmen im Spam landen – obwohl sie das bei der letzten Mail nicht getan haben. Dasselbe gilt, wenn Sie eine wichtige Mail geschrieben haben und Sie keine Antwort darauf erhalten. Fragen Sie dann am besten auf einem anderen Kommunikationsweg (telefonisch?) nach, ob die Mail angekommen ist bzw. sie sich beim Empfänger im Spam-Ordner befindet.

Sicherheit am Gerät und im Internet

Ein paar Aspekte für Sicherheit am und im Gerät wurden in diesem Buch bereits vorgestellt. Ich fasse die wichtigsten davon nochmals an diesem Ort zusammen bzw. füge noch ein paar hinzu.

Das Gerät von außen schützen:
Diesen Punkt nehme ich hier nochmal kurz rein. Eine Hülle jeglicher Art sollte ans Gerät, vielleicht auch Panzerglas auf den Bildschirm. Versicherungen eher nein, außer das Gerät war sehr teuer oder man will sich einfach eine leisten.

Das Gerät von innen schützen / Systemupdates / Apps aktualisieren:
Wenn Sie Ihr Handy oder Tablet auffordert, ein Softwareupdate / Systemupdate zu machen, gibt es nur eine richtige Antwort: Handy aus dem Fenster werfen! Nein, natürlich nicht. Machen Sie das Update, und zwar zeitnah! Es empfiehlt sich, dass Sie das Gerät mit einem WLAN verbunden haben und über das Ladekabel mit Strom versorgen, oder es gerade über ausreichend Akkuladung (empfohlen werden 50% oder mehr) verfügt.
Bei diesem Vorgang tippen Sie einfach immer auf alle kommenden Bestätigungen („Ja“, „Weiter“, „Herunterladen“, „Installieren“ und so weiter). Das Handy wird dann ein oder mehrere Male neu starten und Sie können mehrere Fortschrittsbalken verfolgen. Das Ganze ist aber sehr unaufgeregt und benötigt einfach nur ein

paar Minuten Zeit. Ich empfehle, den Vorgang am Abend zu machen, während Sie ohnehin zum Beispiel eine Sendung im Fernsehen verfolgen. Zum Abschluss sieht das Gerät so aus, als ob es gerade eingeschaltet wurde. Dann sollten Sie Ihren SIM-Pin wieder eingeben, damit es sich wieder mit dem Telefonnetz verbindet. Nach einigen weiteren automatischen Aktualisierungen ist das Gerät wieder bereit zur Nutzung.
Bei den App-Aktualisierungen sollten Sie genau gleich vorgehen: Wenn die Benachrichtigung kommt – dann aktualisieren Sie die Apps! Aber wieso? Ganz einfach: Programme / Software / Apps werden ständig weiterentwickelt, es kommen neue Funktionen hinzu, es werden Sicherheitslücken geschlossen. Wenn Ihr Gerät und die Software darauf auf dem neuesten Stand sind, läuft die ganze Nutzung sicherer ab – und das wollen wir doch alle, oder nicht?

Schutz der eigenen Gesundheit:
Um den Ohren durch Lautstärke und Erwärmung weniger Stress zuzumuten, telefonieren Sie öfters mal mit der Freisprecheinrichtung („Lautsprecher"). Halten Sie das Gerät während eines längeren Gesprächs immer wieder mal an das andere Ohr. Das trainiert beide Arme und das Gehirn, weil wir die Geräusche von der anderen Seite wahrnehmen. Wichtig: Wenn Sie einen Herzschrittmacher haben, sollten Sie das Handy nicht in die Brusttasche einstecken.

Schutz Ihrer persönlichen Daten:

Sie sollten sich zur Gewohnheit machen, so wenig persönliche Daten wie möglich im Internet preiszugeben. Was sind persönliche Daten? Alles, was Sie einzigartig macht und von Anderen unterscheidet. Dazu müssen Sie aber noch abwägen, ob eine Preisgabe für Sie zum Sicherheitsrisiko machen kann. Beispiele für persönliche Daten gibt es viele: Namen, Adresse, Wohnort, Hausnummer, Geburtstag, Geburtsjahr, Telefonnummer, Bankdaten, Ausweise, Zeugnisse (generell alle Dokumente), momentaner Standort (nicht im Urlaub bekanntgeben, dass Sie nicht zuhause sind – es könnten Einbrecher kommen), Hobbies mit festem Standort, Wertsachen (auch Fahrzeuge und Immobilien gehören dazu), Anmeldedaten im Internet, E-Mailadressen und dazugehörige Passwörter, Aussehen, ... und noch viele mehr. Alle diese Informationen bergen auf die eine oder andere Art und Weise das Potenzial, Ihnen Schaden – körperlich, seelisch oder finanziell – zuzufügen. Merken Sie sich einfach – je weniger, desto besser!

„Das Internet vergisst nicht“:
Der Spruch wird Ihnen eventuell bekannt vorkommen. Was bedeutet er aber genau? Alles, was ins Internet gelangt, bleibt dort möglicherweise lange (oder für immer) auffindbar und kann Ihnen später Schaden zufügen (körperlich, seelisch, finanziell). Jetzt könnten Sie meinen: „Ich lade ja gar nichts ins Internet hoch ...“. Das mag stimmen – oder auch nicht. Wenn Sie Mitglied von sozialen Netzwerken sind (Facebook und ähnliche), haben Sie höchstwahrscheinlich schon Inhalte (Texte, Bilder, Videos)

hochgeladen. Das ist aber nicht alles, was ins Internet gelangen kann. Denken Sie an WhatsApp, Signal oder sonstige Messenger-Dienste. Diese funktionieren nur, wenn Sie mit dem Internet verbunden sind. Also, wo gelangt das Bild hin, welches Sie Ihrem Verwandten geschickt haben? Richtig, ins Internet.
Um keine Missverständnisse aufkommen zu lassen: Höchstwahrscheinlich sind die Bilder und Texte, die Sie schicken, Ende-zu-Ende-verschlüsselt, das heißt, dass niemand außer Sender und Empfänger sie lesen kann (auch nicht die Betreiber der Apps oder ein Hacker, der sie vielleicht abfängt). Aber – sobald ein Inhalt Ihr Gerät verlassen hat und woanders auftaucht, ist es „im Internet". Wissen Sie genau, was der Empfänger mit dem Bild macht? Vielleicht zeigt er es seinen Arbeitskollegen? Vielleicht schickt er es ungefragt weiter? Sehen Sie – je weniger Sie schicken und je unaufgeregter die Inhalte sind (peinliche Situationen, unvorteilhafte Bilder, Nacktfotos und ähnliches), desto sicherer sind Sie.
Um Kinder zu schützen, sollten Sie auch Fotos von Ihren Kindern / Enkelkindern nicht versenden – die zeigt man eher persönlich am Gerät. Kinder – wie auch Erwachsene – haben ein Recht am eigenen Bild und wollen gefragt werden, bevor sie fotografiert werden und haben selbstverständlich ein Mitspracherecht, wenn es um die Verwertung der entstandenen Fotos geht.

Sicherheit bei E-Mails:
Ich habe bei meinen Kunden bemerkt, dass es gerade bei E-Mails es eher schwierig ist, jemandem zu vertrauen.

Warum ist das so? Messenger-Dienste wie WhatsApp oder Signal oder auch normale SMS bekomme ich fast nur von meinen Kontakten, also Menschen, die ich in echt in irgendeiner Form kenne. Das weiß ich besonders deshalb, weil ich den Kontakt meistens gespeichert habe und ich so weiß, mit wem ich gerade kommuniziere.
Wenn wir nur Telefonnummern angezeigt bekämen, wäre es schon viel schwerer zu wissen, wer mir gerade geschrieben hat. Also ist unser Telefonbuch / unsere Kontaktliste eine Absicherung, mit der wir Vertrauen schaffen können.
Bei E-Mails ist es ein bisschen anders. E-Mailadressen bestehen zwar sehr oft aus einer Kombination aus Vor- und Nachnamen, aber sogar die könnten erfunden bzw. gefälscht sein. Auch Firmen und Unternehmen haben E-Mailadressen – die sind zwar meistens gut erkennbar, aber eben auch wieder fälschbar. Sie sollten deshalb immer darauf achten, WER Ihnen eine Mail geschrieben hat. Wenn Sie den Absender kennen und auch eine Mail erwarten, ist es meistens überhaupt kein Problem. Seien Sie aber vorsichtiger, wenn Sie eine Mail bekommen haben, die Sie nicht erwartet haben und deren Inhalt nicht ganz schlüssig ist. Sie haben einen Preis gewonnen? Obwohl Sie bei keinem Gewinnspiel mitgemacht haben? Sie sollen einem Link folgen und Ihre Anmeldedaten neu eingeben? Sie sollen eine Datei ansehen, die angehängt wurde? Bitte machen Sie diese Dinge nicht. Gerade in Links oder Dateien können Hacker-Angriffe oder Schadsoftware versteckt sein, die sich dann installiert, wenn Sie draufklicken. Achten Sie auf Rechtschreibung,

seltsame Zeichen und Ungereimtheiten. Gefälschte Mails werden oft schlecht übersetzt und weisen eine geringere Qualität auf als „echte“ Mails. Und ganz wichtig: Geben Sie nirgendwo nochmals Ihre Anmeldedaten ein, weil „sie verlorengegangen sind“ oder „nicht mehr auffindbar sind“. Das nennt man „Phishing“ („Fischen“) – es wird nach Ihren Anmeldedaten gefischt, mit denen Betrüger Ihnen dann Schaden zufügen.

Seien Sie auch vorsichtig bei allen Nachrichten, in denen jemand Geld von Ihnen will. Kennen Sie den Enkel- oder Neffentrick? Ein Fremder gibt sich als Verwandter aus, und Sie bemerken es nicht – oft lässt er Sie auch den Namen raten! Dieser ist gerade in Geldnöten und bräuchte ein paar Tausend Euro von Ihnen – und der Familie hilft man doch gerne, oder? Angegebene Gründe sind oft ein notwendiger Auto- oder Immobilienkauf, eine Krankheit, ein Unfall mit Arztkosten und Ähnliches. Die Täter sind oft rhetorisch geschult, und das macht es für die Opfer sehr schwer, den Trick zu erkennen. Lassen Sie sich nicht unter Druck setzen, übergeben Sie keine Wertsachen und lassen Sie niemanden in Ihre Wohnung! Am besten, Sie brechen die Kommunikation sofort ab und versuchen, den echten Verwandten zu erreichen oder Sie verständigen gleich die Polizei.

Als Faustregel können Sie sich merken: Wenn Sie den Absender oder den Grund nicht kennen, löschen Sie die Mail einfach. Wenn es wichtig ist, werden Sie sicher auch anders erreichbar sein!

Werbung:

Werbung wird uns in vielfältiger Form auf dem Smartphone / Tablet oder generell im Internet begegnen. Warum – weil es oft die einzige Form für Unternehmen ist, mit Kunden Geld zu verdienen, auch wenn diese nichts kaufen. Wir haben es beim Installieren einer App schon durchgesprochen: Es stellt uns jemand kostenlos eine App oder einen Dienst zur Verfügung und in dieser wird Werbung geschaltet, damit der Ersteller doch noch zu einem Lohn kommt. Das ist legitim - können wir so doch viele Angebote gratis nutzen. Falls Sie auf eine Werbung klicken, kein Problem, tippen Sie auf die Zurück-Taste oder schließen Sie das Fenster mit „X", das dort erscheint. Oft erscheint Werbung an den ungünstigsten Stellen, darüber sollten Sie sich nicht zu sehr ärgern – einfach anschauen oder wegklicken, wenn möglich.

Gewinnspiele:
Alle Dienste und Unternehmen (nicht nur im Internet) sind darauf angewiesen, dass sie Kundenströme anziehen. Wenn nur 1% der Kunden Umsatz bringt – dann hätte man doch lieber mehr Kunden als weniger. Das Internet hat verschiedenste Wege gefunden, Kunden zu binden. Eine davon sind Gewinnspiele: Man gibt Daten von sich preis (Name, Telefonnummer, E-Mail-Adressen, ...) und nimmt dann an einem Gewinnspiel teil. Sie sollten sich dabei immer fragen: Ist es der Gewinn wert, dass ich meine Daten hergebe? Brauche ich den Preis wirklich? Wie seriös ist das Gewinnspiel? Schenkt wirklich jemand diesen Gewinn für ein paar Kunden her?

Schlechtes Beispiel: Zehn Wohnmobile im Wert von je 100.000, - Euro werden verlost. Bitte glauben Sie das nicht – der Wert ist viel zu hoch, als dass sich ein Unternehmen solche Sachpreise leisten könnte!
Gutes Beispiel: Ich (handykurse.at) habe auf Facebook ein Handy im Wert von 200, - Euro verlost. Das ist für mich auch nicht wenig Geld, aber schon eher leistbar. Seien Sie achtsam, welche Daten genau Sie angeben müssen. Nur Namen und E-Mailadresse ist das einfachste und stellt kein Problem dar – siehe nächster Punkt.

Newsletter:
Eine moderne Marketing-Strategie ist für Unternehmen, sich als Experte auf einem Gebiet darzustellen und jede Menge wertvolle Informationen an die Kunden zu verteilen. Als Gegenleistung werden Sie oft gebeten, sich bei einem Newsletter anzumelden. Bei einem Newsletter werden Sie in unregelmäßigen Abständen per Mail angeschrieben, wenn das Unternehmen Neuigkeiten hat oder es neue Angebote gibt. Das können Sie gerne machen (das habe ich auch) und stellt keine Bedrohung dar. Der Herausgeber des Newsletters (ein Unternehmen etwa) hofft, dass Sie durch positive Kundenbindung früher oder später zum zahlenden Kunden werden. Wie bereits geschrieben, ist dazu nur die E-Mailadresse nötig bzw. ein Vor- und Nachname (den Sie aber auch beliebig wählen können, dient nur zur Anrede in der Mail). Newsletter können Sie jederzeit abbestellen, indem Sie ganz unten in der Mail auf „Abbestellen“, „Abmelden“ oder „Unsubscribe“

klicken und den Anweisungen folgen. Dann bekommen Sie keine Mails von diesem Anbieter mehr zugeschickt.

Cookies:

Cookies haben wir weiter vorne im Buch schon besprochen. Der Vollständigkeit halber gehe ich hier nochmals kurz darauf ein. Im Sinne der Datenschutzverordnungen der EU zeigen Internetseiten, welche Dinge sie über uns speichern und wissen wollen. Für die bequeme und einfache Anwendung tippen Sie einfach auf „Alle akzeptieren" – das ist immer der farbige Knopf. Unter „Nur notwendige" können Sie die Mindestanforderungen akzeptieren. Diese sind notwendig, ansonsten können Sie die Seite gar nicht anschauen. Unter „Einstellungen" können Sie genau lesen, was gespeichert wird. Um es nochmal zu wiederholen – einfach nicht ärgern und die Cookies akzeptieren, oder die Seite nicht ansehen.

Gefälschte Shops:

Wenn Sie nach bestimmten Artikeln im Internet suchen und diese kaufen wollen, müssen Sie in den meisten Fällen Online-Shops verwenden. Eine Ausnahme davon bilden Plattformen, die Menschen zusammenbringen, um Verkäufe abzuwickeln wie Willhaben, Shpock oder eBay.

Sie sollten nur in Online-Shops einkaufen, deren Auftritt Ihnen bekannt ist (Amazon etwa) oder deren Filialen es auch im echten Leben gibt: Media Markt, Interspar, und ähnliche. Da es aber eben auch Shops von Betrügern gibt, sollten Sie genau schauen, ob Ihnen Unregelmäßigkeiten

auffallen wie Rechtschreibfehler, schlechtes Deutsch und vor allem ein unrealistischer Preis! Ein neues iPhone, welches im Handel nicht weniger als 800 Euro kostet, könnten Sie um 150 Euro kaufen? Das kann einfach nicht stimmen! Wie sagt mein Vater immer: „Es gibt nichts geschenkt im Leben“.
Bei den Zahlungsmethoden kommen Sie als Neukunde allerdings oft nicht umhin, in Vorkasse zu bezahlen. Meine Strategie lautet: Ich kaufe nur bei Anbietern, die mir bekannt sind (Amazon ist ein leuchtendes Beispiel für Kundenfreundlichkeit) oder ich kaufe nur Artikel zu Preisen, deren Verlust ich verschmerzen kann oder die ich sonst gar nicht erwerben kann.
Ansonsten können Sie bei seriösen Shops auch immer Mitarbeiter anrufen, die Auskunft geben können. Um auf Nummer sicher zu gehen, bestellen Sie auf Nachnahme – ob sich dann der Online-Kauf aber auszahlt, bleibt dahingestellt, da Nachnahmegebühren und Versandkosten eventuell einen teureren Kauf für Sie ergeben.
Natürlich bleibt zu sagen, dass man eher regional kaufen und kleine, ortsansässige Betriebe unterstützen soll. Eine Unart ist es aber, sich im Fachhandel beraten zu lassen und dann online günstiger zu kaufen.
Private Kauf-Vermittlungs-Plattformen wie Willhaben oder eBay funktionieren meiner Erfahrung nach sehr gut. Man spricht sich online oder telefonisch über die Kaufmodalitäten ab, und dann trifft man sich und übergibt den Artikel und das Geld.

Treffen Sie sich dabei aus Sicherheitsgründen eher an einem neutralen Ort und nicht zuhause (bei schweren oder großen Gegenständen geht das natürlich nicht immer). Ansonsten ist es auch üblich, das Geld inklusive abgesprochener Versandkosten vorab zu überweisen und sich den Artikel dann schicken zu lassen. Sie haben als Beweis dann immerhin die Konversation am Gerät (besser schriftlich als telefonisch machen) und die Überweisung auf ein Konto mit einem Namen, falls etwas schiefgeht. Ich wiederhole es gerne: Mir ist immer bewusst, dass das Geld, das ich einem Fremden überweise, vielleicht in den Sand gesetzt ist.

Fake News:
Im Kapitel zu WhatsApp wurden Fake News, also falsche, gefälschte Nachrichten, oft mit manipulierender Absicht, schon kurz beschrieben. Fake News haben das Potenzial, unser gesellschaftliches Leben massiv zu beeinträchtigen. Wenn Sie eine Nachricht sehen, hören, lesen oder geschickt bekommen, die Sie kaum glauben können – was machen Sie dann? Einfach an alle weiterschicken? Bitte nicht! Solche unglaublichen Nachrichten (sagt das Wort ja schon) zielen auf unsere Gefühle ab. Sie sind wütend, traurig, empört über eine Nachricht? Prüfen Sie den Wahrheitsgehalt dieser Nachricht und geben Sie den Suchbegriff in Google ein mit dem Zusatz „Faktencheck".
Es gibt einige Internetseiten, die sich nur damit beschäftigen, ob Nachrichten im Internet wahr sind oder nicht. Sie werden dann schnell merken, ob diese Meldung der Wahrheit entspricht oder nicht. Wenn ja – können Sie

diese gerne weiterleiten. Wenn nicht – dann lassen Sie es. Sie wollen ja nicht, dass Blödsinn verbreitet wird und Sie vielleicht daran schuld sind?
In Österreich gibt es die Organisation „Saferinternet.at" („Der sichere Umgang mit dem Internet"), die für alle Altersgruppen (Kinder, Lehrerpersonal, Eltern) in Schulen mehrstündige Workshops anbietet.
Sie glauben, die Kinder von heute wissen über solche Dinge von sich aus Bescheid, weil sie als „Digital Natives", also quasi „Digital Geborene" aufwachsen? Weit gefehlt. Ich bin selbst als Trainer für Saferinternet unterwegs und muss oft massive Defizite auf diesem Gebiet aufarbeiten. Wenn Sie an einer solchen Schulung teilnehmen wollen oder für Ihre Kinder oder Enkelkinder eine solche organisieren wollen, können Sie gerne mich oder „Saferinternet.at" kontaktieren für ein unverbindliches Angebot. Diese Arbeit begeistert mich sehr und ich kann nur sagen – es lohnt sich für die Teilnehmer_innen jedes Mal.

Hilfe im Schadensfall erhalten Sie schnell und unkompliziert bei diesen Anlaufstellen:

www.ombudsstelle.at
www.saferinternet.at
www.onlinesicherheit.gv.at
www.oiat.at

Sie können natürlich auch gerne mich kontaktieren – meine Kontaktdaten finden Sie ganz hinten im Buch. Ich werde Sie dann an die entsprechenden Stellen weiterleiten.

Verweise

1. **[Online] [Zitat vom: 8. 3 2021.] https://www.pcgameshardware.de/iPhone-Serie-Smartphone-216880/News/Mondlandung-millionenfache-Rechenleistung-Bordcomputer-1295260/.**
2. **[Online] [Zitat vom: 9. 3 2021.] https://www.faz.net/aktuell/technik-motor/digital/so-haelt-ihr-smartphone-akku-laenger-15421402.html#:~:text=Die%20in%20modernen%20Smartphones%20eingebauten,Moderne%20Zellen%20halten%20l%C3%A4nger..**
3. **[Online] [Zitat vom: 9. 3 2021.] https://www.inside-digital.de/ratgeber/smartphone-handy-akku-laden-tipps.**
4. **[Online] [Zitat vom: 9. 3 2021.] https://de.wikipedia.org/wiki/Lithium-Ionen-Akkumulator.**
5. **[Online] [Zitat vom: 9. 3 2021.] https://handy.de/magazin/smartphone-im-winter-tipps/.**
6. **[Online] [Zitat vom: 9. 3 2021.] https://www.tk.de/techniker/magazin/digitale-gesundheit/rund-ums-smartphone/bakterienschleuder-smartphone-haende-hygiene-2009266.**
7. **[Online] [Zitat vom: 12. 3 2021.] https://www.welt.de/wirtschaft/webwelt/article154076251/Apps-schliessen-verlaengert-nicht-die-Akkulaufzeit.html#:~:text=Dabei%20hat%20das%20%C3%BCberhaupt%20keinen,keine%20Effekte%20auf%20die%20Batterie..**
8. **[Online] [Zitat vom: 19. 3 2021.] https://www.computerbild.de/artikel/cb-Ratgeber-Touchscreens-4563263.html#:~:text=Kapazitive%20Touchscreens%20(wie%20beim%20iPhone,per%20Stift%20klappt%20es%20nicht..**
9. **[Online] [Zitat vom: 19. 3 2021.] https://www.netdoktor.de/symptome/trockene-haut/.**

10. [Online] [Zitat vom: 22. 3 2021.]
https://de.wikipedia.org/wiki/Short_Message_Service#:~:text=Am%203.,
Standards%20f%C3%BCr%20Mobiltelefone%20in%20Europa..
11. [Online] [Zitat vom: 25. 3 2021.] https://www.security-insider.de/was-ist-ein-brute-force-angriff-a-677192/#:~:text=Ein%20Brute%2DForce%2DAngriff%20versucht,Zeichenkombinationen%20Passw%C3%B6rter%20oder%20Schl%C3%BCssel%20herauszufinden.&text=Die%20Brute%2DForce%2DMethode%20ist,herauszufi
.
12. [Online] [Zitat vom: 25. 3 2021.]
https://www.datenschutz.org/sicheres-passwort/.
13. [Online] [Zitat vom: 31. 3 2021.]
https://de.wikipedia.org/wiki/Bluetooth.
14. [Online] [Zitat vom: 6. 4 2021.] https://office-roxx.de/2017/07/28/office-history-der-taschenrechner/.
15. [Online] [Zitat vom: 6. 4 2021.]
https://de.wikipedia.org/wiki/Internet.
16. [Online] [Zitat vom: 6. 4 2021.]
https://www.expertentesten.de/geschichte-schnurlostelefone-seit-wann-telefonieren-ohne-kabel/#:~:text=Bis%20eine%20kabellose%20Telefonie%20jedoch,Moment%20eigentlich%20kaum%20noch%20aufzuhalten.&text=Die%20Geschichte%20des%20Telefons%20geht%20jedoch%20bis.
17. [Online] [Zitat vom: 6. 4 2021.]
https://de.wikipedia.org/wiki/Mobiltelefon.
18. [Online] [Zitat vom: 6. 4 2021.] https://de.wikipedia.org/wiki/Modem.
19. [Online] [Zitat vom: 6. 4 2021.]
https://de.wikipedia.org/wiki/Datenmenge.
20. [Online] [Zitat vom: 7. 4 2021.]
https://de.statista.com/statistik/daten/studie/436243/umfrage/meistgenutzte-browser-im-internet-in-deutschland/#:~:text=Meistgenutzte%20Browserversionen%20in%20Deutschland%20Februar%202021&text=Googles%20Chrome%2088.0%20erzielte%20in,betrug%20rund%2011%2C.

21. [Online] [Zitat vom: 7. 4 2021.] https://de.statista.com/statistik/daten/studie/225953/umfrage/die-weltweit-meistgenutzten-suchmaschinen/.
22. [Online] [Zitat vom: 7. 4 2021.] https://de.wikipedia.org/wiki/Google.
23. [Online] [Zitat vom: 8. 4 2021.] https://www.heise-regioconcept.de/google/wie-funktioniert-der-algorithmus-von-google.
24. [Online] [Zitat vom: 8. 4 2021.] https://de.wikipedia.org/wiki/HTTP-Cookie.
25. [Online] [Zitat vom: 9. 4 2021.] https://praxistipps.chip.de/wie-funktioniert-gps-einfach-erklaert_41414.
26. [Online] [Zitat vom: 24. 02 2021.] https://de.wikipedia.org/wiki/YouTube.
27. [Online] [Zitat vom: 24. 02 2021.] https://de.wikipedia.org/wiki/YouTube.
28. [Online] [Zitat vom: 12. 4 2021.] https://de.wikipedia.org/wiki/E-Mail.

Über den Autor

Dr. Martin Kreim ist der Gründer und Eigentümer von handykurse.at. Seine Leidenschaft sind seit Jahren schon die modernen smarten Geräte, die wir alle heutzutage benutzen - Smartphone (Handy) und Tablet. Sein Hobby ist es, diese Geräte mit ihrem riesigen Funktionsumfang so gut als möglich in den Alltag zu integrieren. Das bisher auf diese Art und Weise angehäufte Wissen möchten sein Team und er nun an alle weitergeben, die Interesse daran haben! Er möchte auf diesem Wege vor allem Jene ansprechen, die bisher nur wenig Kontakt mit diesen Geräten hatten, und so zu einer Bereicherung des Lebens beitragen. Seit Ende 2018 gibt es handykurse.at, seitdem werden Kurse und Workshops für alle Altersgruppen durchgeführt. Die Hauptthemen sind dabei die Einschulung auf Handy und Tablet und der sichere Umgang mit dem Internet.

Dr. Martin Kreim, geboren 1982 in Graz, ist promovierter Biochemiker und Molekularbiologe und lebt mit seiner Frau und seinen beiden Töchtern in Weiz, Steiermark.

Weitere Werke von Martin Kreim und Informationen zu „handykurse.at“ finden sie unter:

www.handykurse.at

Folgen Sie uns auf sozialen Netzwerken:

www.facebook.com/handykurse.at
www.instagram.com/handykurse.at

sowie auf YouTube unter:
„Handykurse Dr. Kreim“

Printed in Poland
by Amazon Fulfillment
Poland Sp. z o.o., Wrocław

85131676R00178